# 迈向自立自强

## 中国科技会堂论坛
### CHINA HALL OF SCIENCE AND TECHNOLOGY FORUM

## 第 1 辑

中国科学技术协会◎编

中国科学技术出版社
·北　京·

图书在版编目（CIP）数据

迈向自立自强：中国科技会堂论坛 . 第 1 辑 / 中国科学
技术协会编 . —北京：中国科学技术出版社，2022.3
（2024.7 重印）
ISBN 978-7-5046-9451-5

Ⅰ. ①迈…　Ⅱ. ①中…　Ⅲ. ①科学—素质教育—干部
教育—中国—学习参考资料　Ⅳ. ① G322

中国版本图书馆 CIP 数据核字（2022）第 030571 号

| | |
|---|---|
| 策划编辑 | 王晓义 |
| 责任编辑 | 徐君慧 |
| 封面设计 | 锋尚设计 |
| 正文设计 | 中文天地 |
| 责任校对 | 邓雪梅 |
| 责任印制 | 徐　飞 |

| | |
|---|---|
| 出　　版 | 中国科学技术出版社 |
| 发　　行 | 中国科学技术出版社有限公司发行部 |
| 地　　址 | 北京市海淀区中关村南大街 16 号 |
| 邮　　编 | 100081 |
| 发行电话 | 010-62173865 |
| 传　　真 | 010-62173081 |
| 网　　址 | http://www.cspbooks.com.cn |

| | |
|---|---|
| 开　　本 | 710mm×1000mm　1/16 |
| 字　　数 | 140 千字 |
| 印　　张 | 10.75 |
| 版　　次 | 2022 年 3 月第 1 版 |
| 印　　次 | 2024 年 7 月第 2 次印刷 |
| 印　　刷 | 河北鑫玉鸿程印刷有限公司 |
| 书　　号 | ISBN 978-7-5046-9451-5 / G·936 |
| 定　　价 | 36.00 元 |

# 编委会

张玉卓　束　为　李坤平　刘兴平

郑　凯　秦德继　邓　芳

# 序

## 科技引领发展，智慧启迪未来

当今世界，百年未有之大变局加速演进，围绕科技制高点的竞争空前激烈。党中央把科技创新置于国家现代化建设全局的核心位置，强调构建新发展格局的最本质特征是实现高水平的自立自强。习近平总书记指出，领导干部要心怀"国之大者"，抓住科技创新这个关键变量，加强对新科学知识的学习，关注全球科技发展趋势，不断提升科学素养，增强科学执政、驾驭经济社会发展复杂矛盾和问题的能力。

中国科协是党和政府联系科技工作者的桥梁和纽带，是国家推动科技事业发展、建设世界科技强国的重要力量。我们聚焦全球科技发展大势和国家重大需求，因时因势推出中国科技会堂论坛，意欲打造科技界有影响力的"百家讲坛"。论坛于 2019 年 11 月首次举办，其间虽因疫情影响一度中断，但始终保持着旺盛的生命力，截至 2021 年年底已成功举办 14 期。论坛致力于搭建战略科学家、科技领军人才与领导干部间的对话交流平台，大家围绕一批重大选题，开展高质量、有深度的闭门交流，信息量大、启发性强，对于领导干部提升科学管理能力和科学决策水平，对于专家学者建言献策都颇有帮助，大家普遍表示受益匪浅。论坛的口碑一路走高，成为科协服务科技工作者、服务创新驱动发展、服务全民科学素质提升、服务党和政府科学决策的新品牌活动。

实现高水平科技自立自强，建设世界科技强国，离不开全民族科学素质的普遍提升。为了让论坛成果惠及更多领导干部和社会公众，我们编撰出版此丛书。特别要感谢论坛的主讲专家，他们以科学家一以贯之的严谨治学之风认真修改、审定书稿内容，既尽量保持"原汁原味"，又注重面向公众的可读性。丛书注重普及科学知识，弘扬科学精神。愿所有阅读此书的读者能有所收获，从中感受到科学力量、科技魅力和科学家精神。

科技引领发展，智慧启迪未来。让我们共同努力，携手迈向高水平科技自立自强！

中国科协党组书记、分管日常工作副主席、书记处第一书记

中国工程院院士

张玉卓

2022 年 2 月

# 目 录
## CONTENTS

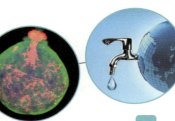

# 量子时代

## 导读

　　量子是什么？可能每个人听到这个词，都会有这样的反应。量子并不是某一种粒子，而是我们对物质基本单元的统称。它是物质和能量的最小单元，具有不可分割性。量子力学是研究微观世界中物质运动规律的。我们在生活中接触的宏观世界，它的运行规律看起来都是确定的、可预测的，用经典力学可以解释。然而，在微观世界中，物质运行存在着内禀的随机性。量子力学理论解释了看起来"违背常理"的现象，对人们的世界观产生了强烈的震撼。

　　量子技术的发展，催生了原子弹、激光、核磁共振、全球定位系统等许多重大发明，使人类进入信息时代。近年来，随着实验技术的进步，人类可以对微观体系的量子态进行精确的检测与调控，兴起了新一轮的量子革命。其中，最具代表性的是量子通信、量子计算和量子精密测量，它们将引领新一轮科技革命和产业变革方向。

## 主讲嘉宾

### 潘建伟

中国科学院院士，中国科学技术大学教授，中国科学院量子信息与量子科技创新研究院院长，第九届、第十届中国科协副主席。

主要从事量子光学、量子信息和量子力学基础问题检验等方面的研究。作为量子信息实验研究领域的开拓者之一，是该领域有重要国际影响力的科学家。

## 互动嘉宾

**王亚愚** 清华大学教授。研究领域为凝聚态物理实验。

**印 娟** 中国科学技术大学教授。"墨子号"量子科学实验卫星量子纠缠源载荷主任设计师。

## 主讲报告

# 新量子革命

### 主讲嘉宾：潘建伟

新量子革命，英文译作"The second quantum revolution"，意思是"第二次量子革命"。第一次量子革命，催生了晶体管、激光、核磁共振、全球定位系统等技术革新，使人类进入信息时代。近些年来，随着实验技术的进步，人类可以对微观体系的量子态进行精确检测与调控。量子调控技术的进步正在推动第二次量子革命，对未来社会产生本质的影响。目前，量子技术的发展已经成为各国科技竞争的焦点。

## 量子力学：全新的观念

经典物理学大家都学过，但有个问题可能没有进一步思考过。在经典物理学中，微分方程告诉我们，一旦确定初始状态，所有粒子的未来运动状态都可精确预测。比如卫星什么时候经过，什么时候落地，落在哪里，从原则上讲，只要计算能力足够，都可以精确预测。从这个角度看，世界似乎都是可预测的。但事实并非如此，在微观世界中，在一定的条件下，一个粒子在某个位置出现是概率性的，对此经典力学却无法解释。20世纪初，在普朗克、爱因斯坦、玻尔、薛定谔、海森堡、狄拉克等科学家的努力下，量子力学得以创立，从而解释了微观粒子的运动规律。量子力学是一种描述微观物质的理论，与相对论一起被认为是现代物理学的两大支柱。

量子，不是指某一种粒子，而是构成物质基本单元的统称，包括光子、原子、分子等。它是能量的最基本携带者，具有不可分割性。比如，水分子是具有水的化学性质的最基本单元，不存在"半个"水分子。如果把一杯水进行分割，半杯、1/2 杯、1/4 杯，直到最后变成一个个水分子。这时，如果再分割，就变成 2 个氢原子、1 个氧原子，它就不具有水最基本的化学性质了。

量子除了不可分割，还有一个有趣的特征，我们称为量子叠加。1935 年，奥地利著名物理学家薛定谔提出一个思想实验：将一只猫关在装有少量镭和氰化物的密闭容器里。镭的衰变存在概率，如果镭发生衰变，会触发机关打碎装有氰化物的瓶子，猫就会死；如果镭不发生衰变，猫就能存活。根据量子力学理论，由于放射性的镭处于衰变和没有衰变两种状态的叠加，猫就理应处于"死猫"和"活猫"的叠加态。这只"既死又活"的猫，被称为"薛定谔的猫"（图 1）。如果一定要追问这只猫到底是死是活的话，必须打开箱子去看才会知道结果。这就是量子的特征：不观测时，量子处于叠加态；一旦测量时，量子就表现出唯一状态。这个实验，试图从宏观尺度阐述微观尺度的量子叠加原理的问题，巧妙地把微观物质在观测后的存在形式和宏观的猫联系起来，从而论述了观测者介入时量子状态的演化。

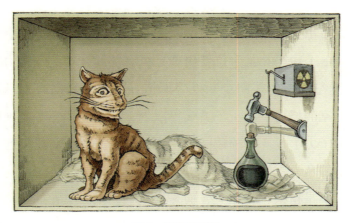

图 1　薛定谔的猫

量子力学是微观世界的原理。宏观世界中，猫不存在既死又活的状态，但微观世界中，这种现象比比皆是。比如，根据经典物理学理论，光也是一种电磁波。光在真空中以 30 万千米每秒的速度传播。这种波的振动，一种是沿着水平方向振动，一种是沿着竖直方向振动。如果把水平方向振动叫作 0，竖直方向振动叫作 1，当把振动方向转一下角度，按照 45 度振动时，就处于这两种状态的相干叠加，这个状态就是量子叠加的状态（图 2）。

图 2　量子叠加

量子力学这些看似古怪的理论帮助人们加深了对微观世界的理解，一个直接的结果就是构建了现代信息技术的硬件基础。例如，半导体场效应晶体管是建立在量子力学基础上的，所以说量子力学直接促成了半导体晶体管的发明，以及现代意义上的通用计算机的诞生。再例如，利用量子力学来构建原子钟，利用原子内部电子在两个能级间跃迁辐射的电磁波作为标准，控制校准电子振荡器，进而控制钟的走动，用来进行卫星导航等。

## 第二次量子革命

量子力学中，还有一个更奇妙的概念叫量子纠缠。一对粒子如果处于量子纠缠状态，那么测量其中一个粒子不仅可以确定这个粒子的状态，而且不管这对粒子相距多远，另一个粒子的状态也会瞬间确定，并且这种关联不需要时间，这种现象就是量子纠缠。比方说，如果两个骰子处于纠缠状态，那么它们不管相距多远，实验时随机投掷，两个骰子掷出的点数都会完全一样。爱因斯坦称之为"遥远地点之间诡异的互动"，认为这种现象是不允许发生的。后来，科学家希望通过实验来证明量子纠缠，当然这个难度是非常大的。比如，一个 15 瓦的灯泡，每秒钟会发射出 $10^{18}$ 个光子，如果要观察量子纠缠，就只能从中取出两个光子让它们相互作用变成纠缠状态，这个技术显然非常困难。经过几十年的努力，科学家在检验量子纠缠概念的实验中，终于能够按照需要操控单个光子，从而证明了量子纠缠。

通过对微观粒子的操控，人类掌握了主动调控量子状态的能力，从而催生了量子信息这一全新学科。量子信息的应用主要包括 3 种：第一，量子通信，提供一种原理上无条件安全的通信方式；第二，量子计算，提供超快的计算能力，有效揭示复杂系统规律；第三，量子精密测量，测量精度超越经典极限。

量子通信是通过量子密钥分发来保证通信的安全。由于光子是光能量的最小单位，当光子携带密钥传递时，窃听者不能对光子进行分割，不可能切掉一半拿走，自然就无法窃取这个密钥的信息；要么窃听者就把这个光子全部拿走，但这种情况下通信双方就会发现有人在进行窃听，也就不会再采用这个密钥。而在经典光通信中，比如在光纤中我们用光的强和弱分别代表 0 和 1 的信息。如果窃听者把光纤弯曲一下，使光漏出来一点，然后测量漏出来的光的强弱，就能知道光纤里面传递的是什么信息（图 3）。因为这里使用的不是单光子，所以信息可以被窃取。

也有人会问，我拍照行不行？不行。因为拍照就相当于对光子进行测量了，原本光子在传递时是 0+1 的叠加态，但经过测量后，量子体系改变了，光子在传递时的状态就会变成 0 或 1，这样通过某种协议通信双方就会发现有人在进行窃听，于是这些密钥就不会再被采用了。可以

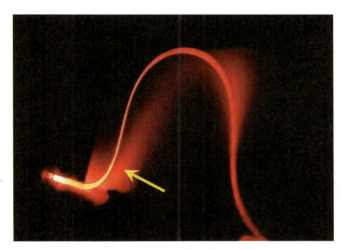

图 3   强光通信，光纤微弯窃听

说，通过光子携带密钥传递，再利用一次一密加密法加密，就可以实现加密内容不可破译，原理上是无条件安全的通信方式。

量子信息技术应用的第二个领域是量子计算。量子计算的功能非常强大，这与量子叠加特性有关，量子叠加决定了量子计算具有强大的并行计算能力。在经典计算中，1个比特是处于0或1的状态，2个比特是处于00、01、10、11这4个状态中的某一个，3个比特处于8个状态中的某一个。但是，在量子计算中，1个量子比特除了0或1两个状态，还可以处于两个状态的相干叠加，2个量子比特是4个状态的相干叠加，3个量子比特是8个状态的相干叠加，等等，原理上量子计算机可以利用这些状态同时进行计算。这意味着，量子计算的能力，是随着量子比特数增加而呈指数式增长的。比如，50个量子比特就是2的50次方的相干状态叠加，这是一个庞大的数字。假如有一张可以无限折叠的纸，折叠50次后的厚度就相当于太阳和地球之间的距离了。所以，量子计算具有超强的并行计算处理能力。

关于量子计算的具体应用，我们以质因数分解为例来加以说明。众所周知，对个位数的质因数分解很容易，如 9=3×3。但如果要分解一个 300 位的大数，计算它等于哪个质数乘哪个质数，这个计算量就很大了。如果用手机进行计算（目前手机计算能力能达 5 万亿次每秒），大概需要算几万年，而用万亿次的量子计算机计算，只需要 1 秒钟就能完成。未来，在大数据、人工智能等领域使用量子计算，将会在经典密码破译、气象预报、金融分析、药物设计等方面起到重要作用。

量子信息技术的第三个应用是用于精密测量。量子状态在未被观测时，或者说周围环境没有干扰时，它可以处于 0 和 1 的叠加态。但如果观测它，或者说周围环境发生细微变化，量子就表现出 0 或 1 的唯一状态。利用量子态这种对环境高度敏感的性质，反过来可以检测到环境的细微变化，可制作各种高灵敏度的传感器，用于导航、医学检测、磁场检测、引力波探测等。

量子通信是最先走向实用化的量子信息技术。1992 年，在 32 厘米的距离上，科学家首次实现了量子密钥分发。到 2007 年，安全距离拓展到 100 千米左右。但是，随着距离拓展，损耗也在加大。由于光纤的固有损耗，传输 15 千米后，光子数会损失一半；传输 100 千米后，只剩下 1% 的光子；传输 200 千米后，就只剩下万分之一了。如果传输 1200 千米，大约是北京到上海的距离，即使每秒钟能够发送 100 亿个单光子，探测器的效率达到 100%，花费数百万年只能传送一个密钥。

为了有效拓展量子通信的距离，可以利用可信中继方案，建立基于可信中继的城际量子通信网络（图 4），实现密钥接力。这样，只要人为保证中继站点的安全，站点间的线路就是安全的。而传统的保密通信，整条线路处处都面临信息被窃取的风险。2017 年 9 月，"京沪干线"

北京 ←···· ~120千米 ····→ 天津 ←···· ~160千米 ····→ 济南 ······

图4　基于可信中继的城际量子通信网络

光纤量子保密通信技术验证与应用示范工程正式开通，光纤总长2000余千米，在金融、政务、电力等领域进行远距离量子保密通信的技术验证和应用示范。

　　如果需要传输到光纤无法到达的地方怎么办？2003年，我们提出了卫星量子通信（图5）的构想。大气层的等效厚度大约相当于10千米的近地面大气，传输这个距离，光子损耗只有20%。如果通过星地之间的量子通信，再通过卫星的中转，完全可以实现地面上几千、上万千米距离的量子通信。2005年，我们验证了光子在穿透大气层后，其量

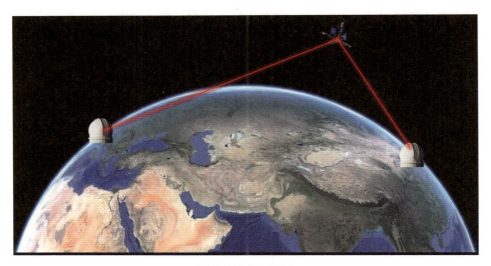

图5　卫星量子通信

子态仍能够有效保持。2012 年，在高损耗星地链路中，量子通信的可行性验证成功。2013 年，我们又验证了，在卫星高速飞行的各种姿态下，卫星与地面之间的量子通信仍然可以成功。

基于前期地面验证试验的技术积累，在中国科学院的支持下，我们成功研制出世界上首颗量子科学卫星"墨子号"。2016 年 8 月，在酒泉卫星发射中心，"墨子号"成功发射。"墨子号"主要完成了三大科学实验任务：第一，实现星地量子密钥分发。如北京到卫星、乌鲁木齐到卫星，每秒钟能传送 1000 个密钥，这比同距离的地面光纤的传输效率提高了 20 个数量级，现在我们已经可以做到每秒传送 10 万个密钥了。第二，进行千千米级星地双向量子纠缠分发，实现空间尺度严格满足"爱因斯坦定域性条件"的量子力学非定域性检验。第三，进行千千米级地星量子隐形传态。2018 年，与欧洲同事合作，实现了北京与维也纳之间的洲际量子密钥分发。因此，通过城域网、卫星广域网，就可以构建天地一体化广域量子通信网络（图 6）。

图 6　天地一体化广域量子通信网络的雏形

　　量子通信网络建立后，就可以进行量子通信的应用了。基于光纤或自由空间，先是进行量子层的密钥安全分发。当经典层收到密钥后，接下来就可以进行各种各样的加密，包括电话、手机、互联网、无线电等，加密之后可用于身份验证、传输加密等。目前，分发高安全等级密钥的传统方法还是依靠人力，每一年至一年半的周期刷新一次密钥。如果利用广域量子通信网络，以现在的技术水平，通过量子卫星可以每天刷新一次密钥，从而大幅度提高安全性。

　　我国在量子通信领域取得重大突破的同时，国际竞争也日趋激烈。

　　2018年，美国启动了"国家量子行动计划"，聚焦量子通信、量子计算机和超精密量子传感三大领域，2019—2022年预计投入约13亿美元。从2017年起，美国正式禁止出口量子保密通信相关技术和器件；2018年11月，管制包括量子信息和传感技术在内的14项涉及国家安全和前沿科技的技术出口。除了政府支持，谷歌公司、微软公司、国际商业机器公司、英特尔公司等国际巨头企业也在积极投入量子计算研发。

　　2018年10月，欧盟正式实施量子技术旗舰项目，连同各成员国政府和相关企业配套总经费为30亿~40亿欧元（约205.7亿~274.2亿人民币）。2018年11月，德国投入6.5亿欧元（约为44.6亿人民币）实施《量子技术：从基础到市场》框架计划。日本在2021年度预算要求中，将量子计算机、量子测量技术等量子科技相关预算定为340亿日元（约为21.4亿人民币），比2020年度增加约50%。荷兰、德国等逐渐将超导量子计算的关键设备和器件列入对华禁运范围。

　　近年来，在量子信息技术领域有两大标志性事件。一是量子通信领域，我国构建了天地一体化广域量子通信网络的雏形；二是量子计算领域，谷歌公司率先实现"量子计算优越性"。2019年10月，谷歌公司在《自然》（*Nature*）杂志发表的论文中表示，已开发出一款53量子比特超导量子计算原型机"悬铃木"。基于"悬铃木"，谷歌公司对一个53比特、20深度的电路采样100万次只需200秒；而当时世界上最快的超级计算机"顶点"估计需要1万年。于是，谷歌公司宣称率先实现了"量子计算优越性"。

［编者注：在量子计算领域，中国也已迎头赶上。2020年，中国科学技术大学与中国科学院上海微系统与信息技术研究所、国家并行计算机工程技术研究中心合作，成功构建76个光子的量子计算原型机"九章"。实验显示，"九章"对经典数学算法高斯玻色取样的计算速度，比世界上最快的超级计算机"富岳"快100万亿倍，从而在全球第二个实现了"量子计算优越性"。2021年研制成功的"九章二号"求解高斯玻色取样问题的处理速度比"九章"快100亿倍。在超导量子计算领域，2021年中国科学技术大学实现了66个量子比特的"祖冲之二号"，实现了随机线路取样问题的快速求解，比目前全球最快的超级计算机快1000万倍以上，计算复杂度比53量子比特超导量子计算原型机"悬铃木"提高6个数量级。上述进展使得我国成为目前唯一同时在两种物理体系实现"量子计算优越性"的国家。］

## 量子技术未来会怎么样

在量子通信领域，通过10～15年的努力，能形成完整的天地一体广域量子通信网络体系，并与经典通信网络实现无缝衔接，构建下一代国家信息安全生态系统。结合广域量子通信网络技术，未来还可以构建超高空间分辨率的望远镜，利用广域量子隐形传态，将全世界的光子都积聚在一个终端上，相当于构建一个等效口径跟地球半径大小相同的望远镜。它的分辨率非常高，相当于可以从地球上清晰看到木星轨道上车牌大小的物体。

在量子计算领域，希望通过 5～10 年的努力，实现对数百个量子比特的相干操纵，解决若干超级计算机无法胜任的具有重大实用价值的问题，利用量子模拟揭示新材料设计、新能源开发等重大问题的机制。未来，希望制造出具备基本功能的通用量子计算原型机，探索对密码分析、大数据分析等的应用。

在量子精密测量领域，可以构建一个高精度广域时频传递网络，能比卫星微波授时的稳定度提高 4 个数量级，从而大幅度提升授时、导航等的精度。另外，希望通过 10～15 年的努力，建立一个稳定度达到 10～21 量级的超高精度空间光钟，10 万亿年的误差也不超过 1 秒。将这样的光钟搭载到卫星上，可以探测不同轨道高度下引力的红移，甚至可以探测更低频率的引力波信号，揭示更丰富的天文现象。

## 互动环节

**问题一：量子技术在前沿科技领域中处在什么样的地位？与 5G、区块链等其他前沿科技有什么区别？**

答：像 5G 技术、区块链技术，都是指某一项具体技术应用，它们整体上比量子技术要成熟很多。虽然量子技术现在已经有部分应用价值，但更多是一种未来的技术。量子技术发展好以后，可以运用到化学、生命科学、材料学、信息技术学等学科中，它是多个领域技术的基础。

**问题二：当今世界正处于百年未有之大变局，科技创新是其中的关键变量。该如何看待科技创新？**

答：我觉得，只有把科技创新搞上去，才能够在大变局中占有一席之地。比如，美国要在科技领域跟我们脱钩，这就要求我们要做好创新体系建设。最早我们做基础研究时，许多器件都可以购买。后来当我们要做高档次研究时，最好的器件就不卖给我们了，我们得自己制造，现在我们也造出来了。但是，制造器件的机器，还是得从美国等国家购买。现在的情况是，制造器件的机器也不卖给我们了，这要求我们必须自己生产出能制造器件的机器。从这个角度来说，国家层面一定要做好布局，要做好创新体系建设布局，防患于未然。不然，我们总会很被动，没有办法站在高地上进行创新。

# 第三代半导体器件与光刻技术突破

## 导读

　　近年来，中国芯片遭遇到发达国家的封锁、堵截，让芯片这种半导体元件以国人不愿意看到的方式成为"网红"。以芯片为核心的半导体产业，如今已成为各国科技角逐乃至地缘政治的必争之地。与此同时，以氮化镓和碳化硅芯片为代表的第三代（宽禁带）半导体材料及工艺已经走进人类视野，它将给信息产业带来新的革命。从科学技术的迅猛革新到世界贸易秩序的剧烈调整，小小的芯片，投射出大变局下的风云诡谲。面对当下被围堵的困境，中国芯片是否还存在着技术和产业发展的"黄金期"？我们该如何布局，让中国之"芯"不再心痛？

## 主讲嘉宾

**郝 跃**

中国科学院院士，西安电子科技大学教授、博士生导师，微电子学专家。国家自然科学基金委员会信息科学部主任。长期从事新型宽禁带半导体材料和器件、微纳米半导体器件与高可靠集成电路等方面的科学研究与人才培养。

## 互动嘉宾

**刘 胜** 武汉大学动力与机械学院院长，斯坦福大学博士，"长江学者奖励计划"特聘教授，美国机械工程学会会士（ASME Fellow），电气与电子工程师协会会士（IEEE Fellow）。

**韦亚一** 中国科学院微电子研究所计算光刻研发中心主任，中国科学院微电子研究所研究员，国际光学工程学会（SPIE）资深会员。

**吴华强** 清华大学集成电路学院院长、教授，清华大学微纳加工中心主任。2019 年，获首届科学探索奖。

**张承义** 天津飞腾信息技术有限公司副总经理、研究员。长期从事国产高性能中央处理器（CPU）研究与设计工作。

# 从集成电路芯片谈创新体系建设

### 主讲嘉宾：郝　跃

芯片，直接关系到国家安全和国民经济发展的重要战略需求。从 2018 年开始，我国就把芯片自主可控的问题提到了议事日程上。在未来相当长的一段时期，芯片仍然是大国博弈最热门的话题和最前沿的竞争领域。同时，"卡脖子"问题也会成为我国相当长时间内面临的重大挑战。

## 美国在芯片领域博弈的底气在哪

目前，集成电路芯片主流的产品和技术基本为美国所垄断。美国仍是主要的芯片大国，中国大陆与美国的整体实力差距较大。集成电路芯片的生产，从用户需求开始，经过设计、制造、封装、测试，直至最后出厂，其中技术难度最高的，当数设计和制造。

芯片设计需要利用计算机辅助设计软件进行大量工作，费时很长。除此之外，要设计出好的芯片产品还需要大量经验的积累。一个集成电路芯片上面有几百亿个晶体管，如果没有设计工具，这是很难想象的。目前，芯片设计是利用计算机辅助设计软件来完成的，包括功能设计、综合、验证、物理设计等流程的设计。并且，大多芯片设计不是从零开始，而是基于一些成熟的知识产权（IP）模块，在 IP 模块的基础上，按照芯片功能要求来设计更新。在设计领域，无论是芯片系统，还是芯片的 IP 模块方面，美国都占有绝对优势。中国虽然有四五千家芯片设计公司，但在整个产业中并不占优势。从最近发布的数据来看，在全球芯片设计产业中，美国约占 52%，中国台湾地区约占 23%。

芯片制造是芯片生产中投资最大的部分，没有几十亿美元是无法制造出产品的。并且，还必须有大量经验丰富的技术人员，才能研发出好的制造流程。中国在芯片制造方面，仅在封装领域有相当的实力，其他领域相对来讲都不占优势。

从产品形态来讲，目前美国占整个集成电路芯片市场份额的 40% ~ 48%，第二名是韩国，紧接着是日本、欧洲国家及中国台湾地区。中国大陆现在所占的份额还比较小。

从芯片的形态来讲，无论是个人计算机（PC）芯片，还是与信息安全及基础设施相关的芯片，包括网络、国防、手机、汽车等方面，美国都有很大的优势。

正是基于这种情况，美国才能对中国大陆的芯片进行全面封锁，这也是美国在芯片领域的竞争底气。

## 芯片产业博弈为何如此激烈

石英砂是自然界中最常见的非金属矿物原料。人们通过冶炼把石英砂变成多晶硅、单晶硅，然后通过集成电路设计、工艺制造、封装和测试等环节，最终把硅变成一个集成电路芯片。我们称之为"点沙成金"，这是一个附加值极高的生产过程。

从集成电路的发展历史来看，在半导体集成电路之前，信息产业主要是依靠电子管（真空管），这类产品体积大，可靠性相对也比较差。

1945 年，美国贝尔实验室首先开展用半导体材料研制晶体管。1947 年，贝尔实验室的 3 位科学家约翰·巴丁、威廉·肖克利、沃尔特·布拉顿研制出世界上第一支晶体管（图 1），它就是集成电路芯片中最基础的一个器件。1948 年 9 月，《电子学》期刊封面刊登了 3 位科学家发明晶体管的照片（图 2），他们共同获得了 1956 年诺贝尔物理学奖。

图1　世界上第一支晶体管

图2　1948年9月《电子学》封面：肖克利操纵设备，巴丁和布拉顿站在身后

　　1958年，美国德州仪器公司的工程师杰克·基尔比研制出世界上第一块集成电路，上面集成了12个晶体管。2000年，当他77岁时，才因集成电路的发明与其他两位科学家共同被授予诺贝尔物理学奖。迄今为止，个人电脑、移动电话等被人类广泛使用的集成电路产品皆源于其发明。可以说，一个工程师改变了世界。

　　无论是晶体管还是集成电路，刚出现时人们都没有给予过多关注。直到1971年，情况发生了巨大的变化。1971年，英特尔公司生产出世界上第一款微处理器。尽管它只有2300个晶体管，相比现在300亿~500亿个晶体管的芯片，确实是小巫见大巫，但却代表了一个时代的到来，标志着人类真正进入数字化的集成电路时代。它的名字叫英特尔（Intel）4004。

　　依托于微电子技术，集成电路的发展一直追求"三高两低"。"三高"指高速度、高密度、高可靠。高速度，即用户要求晶体管工作速度越来越快，要求芯片的处理速度也越来越快。高密度，即一个芯片上集成的晶体管数目越多，功能就越强大。目前一个芯片能够集成几百亿个晶体管。高可靠，即芯片一定要可靠耐用，具有在不同环境甚至是恶劣环境下工作的能力。"两低"指低功耗与低成本。低功耗，即要求芯片功耗低，这意味着待机时间会更长；低成本，意味着价格不会太贵。因此，"三高两低"就构成了集成电路产业始终坚持的奋斗目标。

自集成电路发明以来，集成电路产业一直是技术密集型产业。我们设计好集成电路后，需要把它转移到硅片的半导体材料上去。那么，用什么办法来转移呢？通常是通过曝光的方式把它转移到硅片上去，我们称之为照相技术。然后通过一层一层不同的工艺，使其最终形成一个完整的集成电路。这个过程，就是通过光刻机来解决的。

集成电路越密集，线条越小，密度越高，要求光刻机曝光的光源波长越短。主流的曝光波长一般是193纳米（紫外光光源）。不过，现在已经发展到采用极紫外光作为光源，它的标准波长是13.5纳米。光刻机的组装，毋庸置疑是高新技术的叠加。要实现从193纳米一直降到13.5纳米的技术突破，如果没有长期的积累，确确实实难度很大。

单单是光刻机，就集中了光学、精密机械、电子、化学等领域的最新技术。所以说，芯片的技术密集程度是非常高的。

集成电路芯片博弈如此激烈，还在于技术更新速度非常快。1965年，英特尔公司的创始人之一戈登·摩尔根据公司芯片的发展规律提出："当价格不变时，集成电路上可容纳的元器件数目，约每18个月便翻一番，而性能将提升1倍。"这就是摩尔定律。直到现在，摩尔定律基本上还是成立的。

芯片的巨大产值背后，是一种技术驱动下的巨额投资。美国科技哲学家凯文·凯利在《科技想要什么》一书中说道："摩尔定律不变的曲线有助于把金钱和智力集中到一个非常具体的目标上，也就是不违背定律，工业界的每个人都明白，如果跟不上曲线，就会落后，这就是一种自驱动前进。"

那么，既然集成电路芯片竞争这么激烈，投资又如此巨大，美国为什么要做？日本、韩国为什么要做？我们又为什么要做？

要知道，集成电路芯片的投资回报非常丰厚。2018 年，美国在集成电路芯片上的总收入是 2260 亿美元，其中 17% 用于研发。尽管每年大约 400 亿美元的研发费用数额很大，但是如果看一下他们的毛利率就不惊奇了。美国集成电路平均毛利率约 62%，比其他国家和地区高约 11%。可见，集成电路芯片的利润是十分丰厚的，否则资本不会眷顾芯片产业，芯片产业的博弈也不会如此激烈。

## 限制中国芯片技术，会带来怎样的影响

美国限制中国芯片的技术，不卖芯片给中国，结果会怎样？对美国有没有影响？

美国波士顿咨询公司曾对此做过预估。2018 年，美国的全球芯片市场占有率是 48%，当时研发费用约 400 亿美元，保持了美国在芯片领域的霸主地位。他们分析，如果《中国制造 2025》如期完成的话，到 2025 年中国芯片自给率将达 70%，美国的市场份额就会降低，相应的研发费用也会减少，但这并不会影响美国在芯片领域的霸主地位。如果美国卖给中国的芯片减少 55%，它的市场份额就会下降 40%，研发费用就会变成 300 亿~350 亿美元；如果减少 100%，也就是一个芯片都不卖给中国，它的研发费用就会变成 160 亿~280 亿美元，这就不足以支撑美国在世界半导体领域的霸主地位。

因此，美国绝对不会不卖芯片给中国，美国打压我国的企业，是为

了不让这些企业自己生产，而是去大量购买美国的芯片。从 2020 年 9 月开始，美国商务部陆续批准了近 10 家公司，包括英特尔公司、高通公司，它们都可以卖给中国企业芯片。但是美国不允许我国的企业自己设计生产芯片。所以，面对芯片市场强大的国际竞争，我们更需要把自己的芯片制造业搞上去。

为进一步破解在集成电路芯片方面的一些困难，2006 年以来国家启动了很多重大科技专项，包括核心电子器件、高端通用芯片和基础软件产品重大专项，甚大规模集成电路制造装备与成套工艺重大专项等，确实对我国集成电路芯片的整体发展起到了十分重要的作用。2019 年，国家自然科学基金委员会发布了"后摩尔时代新器件基础研究"重大研究计划。该计划针对后摩尔时代芯片技术的算力瓶颈，旨在依靠新的器件和新的电路架构解决芯片的低功耗和高计算能力的问题。

通过多年的努力，我国集成电路芯片已经有了极大的发展，例如中国自己研发的中央处理器（CPU）、桌面操作系统、笔记本电脑等。国产芯片无论是从工作主频，还是从多核 CPU 的数目来看，整体性能与国际主流芯片已经没有明显的差距。可能大家就有疑问了，大家用的笔记本电脑和台式电脑的 CPU 都是英特尔的，为什么很少见到我们自己的 CPU？实际上，这与电子产品的技术生态环境有关，也就是产业生态链的问题。如果没有经过长期、大规模地积累应用生态环境，要想马上推出一款自己的产品，并迅速占领市场是非常难的。现在，机会来了，一旦美国不卖给我们芯片，我们就可以完全用我们自己的产品，技术生态环境就有可能建立起来。最近，我们国产的 CPU 和操作系统就迎来了很好的发展机遇，当然，从科技自立自强的角度出发，我国也应该尽早建立自己的技术生态环境。

# 一个世界、两个科技和技术生态体系？

芯片竞争，实质上是一场关于未来发展潜力的博弈。美国打压中国，不仅是对半导体芯片，而且是对中国高技术产业的全面打压，就是不希望我们成为世界科技的引领者。

2019 年，法国前总理多米尼克·德维尔潘曾讲过这样一段话，"未来最大可能就是一个世界、两个体系，即中美各自发展自己的科技体系和技术生态体系。美国和欧洲可能形成经济体系、科技体系和技术生态体系；中国和非洲形成同样体系；至于印度、俄罗斯很可能被拉到美国主导的体系中，就看中国怎么应对未来"。

那么，如果未来真的出现一个世界、两个科技和技术生态体系的情况，我们应该如何应对？第一，要更加面向世界科技前沿，要靠创新。第二，要面向经济主战场，科技要跟经济紧密结合。第三，要面向国防和装备的现代化，没有强大的国防，就失去了根基。第四，要面向保障国家的安全，包括信息安全。

只要抓住重要战略发展机遇，中国在发展半导体芯片和产业方面是大有可为的。我本人长期专注于研究宽禁带半导体材料和器件，最近几年更关注于宽禁带半导体从技术到产业的发展。这里介绍一下，我们是如何抓住宽禁带半导体器件和集成电路的机遇，尽早在一个细分的半导体芯片和集成电路芯片领域形成我国优势的。

我们知道，目前所有的芯片都是用半导体材料制造出来的，目前使用最广泛的集成电路芯片的半导体材料是硅材料。另外有一类重要的半导体材料叫作宽禁带半导体材料，又称第三代半导体材料。称其为第三代半导体材料或许是因为它们发展时间较短且已开始得到广泛应用了，不像有些半导体新材料仅仅是在研究阶段并没有得到广泛应用。国际上宽禁带半导体材料和器件是从 20 世纪 90 年代中后期才开始研究的，这类材料最为典型的是氮化镓和碳化硅材料。它们的共同特点是禁带宽度（从物理上可以反映出半导体材料的导电性）接近于绝缘体。那么，这类宽禁带半导体材料主要有什么性质呢？第一，耐高温。例如现在硅的芯片，最高工作温度是 125℃，而第三代半导体材料最高工作温度可达500℃。第二，电流密度大和开关速度快。在 5G、6G 基站和雷达通信设备方面有明显的优势。第三，耐高压。将来用在工业电力电子、高压输变电系统及各类电源方面效果好。第四，损耗低。这是它最主要的特点，这样整个器件的损耗会非常低，这一特点对于汽车电子器件、光伏逆变器等优势明显。正因为这些性能，世界主要科技与工业国家都在大力发展第三代半导体器件和集成电路。

由于我国在宽禁带半导体研究上的起步与国外差不多，而且我们紧紧抓住了难得的发展机遇期，于是形成了很好的技术和产业优势。例如，在应用方面，我国的 4G 和 5G 基站广泛使用了我国的氮化镓射频大功率芯片，在快充电源方面也开始广泛使用国产硅基氮化镓芯片，在卫星、雷达、通信等领域氮化镓芯片都得到了广泛应用，碳化硅芯片目前在光伏逆变、轨道交通、高压输变电系统和电动汽车领域开始应用，我国在此领域基本从制造设备、材料、工艺、设计、封装和系统应用等方面实现了自主发展和良性发展。我们在高频率方面已经实现了 320 千兆赫兹氮化镓毫米芯片，并在实验室阶段实现了 400 千兆赫兹以上器件的原型，同时在新材料、新器件、新结构、新技术和新方法方面在国际上有了引领性的创新成果。

总之，希望在未来的整个半导体芯片发展中，中国能够在主要科技领域逐步进入世界前列，在世界上具有更大的话语权，在整个集成电路芯片产业中占有重要的一席之地。我还是主张未来要重视和坚持材料引导器件，通过器件推动集成电路和系统的发展，实现"从0到1"的突破，并最终实现产业化。

最后，就如何构建我国芯片创新体系建设谈几点认识。

第一，要坚持以科技促产品，以产品促能力。关键是要解决能力问题，如果说能力问题不解决，每个环节都要靠国家的不断扶持，那么我们要实现完全自立自强是非常困难的。

第二，要以需求作为牵引，市场和科技双驱动。科技和市场两个轮子同时转，而不是仅仅是单一的市场驱动或者科技驱动。

第三，看准了的事情要不动摇、不摇摆、不折腾。国家各项科技和产业政策要有稳定性和持续性。

第四，产学研要实现共赢。目前我国的产学研之所以进行得不理想，是因为各方想法和立场不同，导致产学研最终不能很好地结合，这样产学研是做不好的。

第五，要坚持国际化开放不动摇。

第六，要成体系地布局，不能有短板。我们现在发展硅集成电路必须把自己的体系建起来，从科技创新到核心设备，从关键原材料到最后的应用，都需要一个完整的链条。这样才能做到"别人感冒我们吃药"。

这些说到底，就是要实现高水平科技自立自强。

## 互动环节

### 问题一：未来半导体产业前景怎样？

**观点一：** 未来社会发展会以信息化、智能化作为主要标志。无论是信息化时代还是智能化时代，芯片都是主要的"粮食"。没有半导体芯片，我们要实现信息化、智能化是不可能的。相信半导体芯片的未来发展，一定会更加广阔。如果我们的芯片发展真是被"卡脖子"了，未来国家的信息化、智能化发展，乃至整个国家的发展都会受到影响。面向未来，无论是产业发展，还是社会发展，都非常需要半导体产业发展。

**观点二：** 未来，随着应用更加多样化，像英特尔或者高通这类占据主导地位的芯片公司，未来可能会被越来越多的专业化算力公司取代。中国是一个应用大国和人口大国，在这方面将会有很多的机会。过去，我国许多技术生态或路线是跟着国外在走。未来，主要的技术创新可能来源于应用的驱动，来源于市场的驱动。在中国这样的应用大国，只要不断创新，每个芯片企业都将会迎来难得的发展机遇。

**观点三：** 从未来看，当芯片研发尺寸突破 1 纳米后，会往三维器件和集成方向发展，设计技术也会与制造结合得更加紧密。未来将出现更多新材料和新器件结构，包括芯片系统上下垂直互连，甚至光互连。很多应用场景将会出现，未来遍地都是机器人，而且机器人会更加小型化；物联网不仅能用手机连接，而且能把电器连接起来。尤其拥有这么多大数据之后，它会给人们提供更多个性化、智能化服务。将来中国在信息和智能技术领域要想实现引领，芯片非常关键。我们不仅要追赶上去，同时要能够引领世界。

**问题二：** 一个良好的半导体产业生态，应该具备什么样的条件？

**观点一：** 第一，一定要有竞争机制，如果没有竞争，大家都不会进步。第二，就是市场的推动。中国大陆市场是足够大的，目前往外走的阻力还比较大，主要受美国主导或者说受美国的影响。从半导体产业链来说，我们对关键设备的核心技术并没有真正掌握，生态也不够健全。在芯片制造方面，国内还没有形成完善的产业链。虽然咱们建了很多的厂，但是这些厂实际上就像是在沙子上建造的房子，没有牢固的根基，缺少一些正向的循环。所以，产业链需要整合一下，半导体产业生态才有可能更健康、更完善。

**观点二：** 现在美国对我们进行制裁也好，打压也好，反过来说，对集成电路产业也具有非常好的促进作用。比如光刻技术，要与荷兰阿斯麦尔公司这样的企业去竞争。在过去光刻机进口没有限制的情况下，我们是没法跟它竞争的。因为国产设备生产上有很多问题和毛病，加上企业本身的质量管控要求，是不太愿意用国产设备的。但现在，全社会都意识到国产设备、自主知识产权的重要性，从这个角度上看，限制对我们而言反而是一种促进。所以说，建立良好的产业生态环境非常重要。

### 问题三：我们有没有弯道超车的机会，突破点在哪？

**答：** 我对"弯道超车"这个词有点不同的看法。如果你直道上都超不了，你到弯道上去超的话，危险性更大，说不定要翻车。过度强调弯道、变道，我认为反映了一种对现状的焦虑、一种急切的盼望。但是，我们还是要坚定走自己的路。全世界都在沿着摩尔定律这个方向走，它是与产业发展方向息息相关的，如果说不沿着这条路往前走，那么难度还会更大。因此，一定要强调基础研究的重要性。

拿光刻机来说，比如 13.5 纳米光源的产生是经过一系列基础性研究才能发现的。为什么激光打到锡滴上能产生等离子体？这个等离子体为什么就能产生 13.5 纳米的紫外线？这些都离不开基础科学研究。如果说我们要超车，基础科学研究一定要跟上，这是引领未来、跨越发展的核心和关键。

### 问题四：自主可控是等于封闭起来吗？我们该如何看待国际合作？

**观点一：** 不管是国内还是国外，交流合作对每个企业发展来说都是非常重要的。从企业来说，为了更好地健康成长，跟客户沟通、引进人才等都是企业往前走必不可少的基石，一个国家也是如此。

因此，要加强产学研的交流与结合。不管是人才，还是技术，企业跟研究机构需要加强沟通。实际上，现在企业跟学校之间，在产学研的联系上，做得并不是那么好。虽然有些公司有院校背景，但是很多公司，包括大公司，在一些关键问题上，从基础科学研究角度来说，做得并不到位，还有很大的提升空间。

总的来说，大家都要有一种开放的姿态，相互沟通，同时也要竞争。竞争是一件非常好的事情，但要公平竞争。当然，国家扶持绝对是不可缺少的，在这种受打压的情况下，国家一定要站出来帮助企业。

**观点二：** 现在，中国在半导体领域的发展，处在被围堵的状态。该如何突破呢？显然，我们不可能回到之前闭关锁国的状态，开放是国家未来发展的一个主调。具体到集成电路这个技术行业，这么多环节，这么多材料，这么多器件，是否所有的器件，哪怕一颗螺丝钉都要自己做？这也不尽然。

我们既要补短板，同时还要扬长板。如果我们能在基础科学和前沿技术领域取得一些领先，未来跟别人就可以形成互相制约、互相交叉的关系，就有可能形成一种比较稳定的良性生态。

# 做光刻机为什么难

芯片的制备分为材料制备、芯片制备和封装 3 个步骤，而芯片制备这一步是最复杂的，需要通过几百道甚至 1000 多道生产步骤来实现。一颗小小的芯片从设计到量产，可能需要花费 4 个多月的时间。

芯片的制备，是将硅原料通过石英砂精炼、化学提纯、整形、高温熔化、旋转拉伸等步骤制作成硅锭，然后将圆柱体硅锭进行切片和镜面精加工的处理形成晶圆，再向晶圆中掺入杂离子，形成相应的 P 型、N 型半导体，之后经过光刻、光胶处理、刻蚀、清洗、热处理、离子注入、化学气相沉积、物理气相沉积、化学机械抛光等步骤，经过多次重复持续添加层级（图 3），在晶圆上搭建出一个底部为半导体开关电路和多层金属互连而形成的复杂芯片。

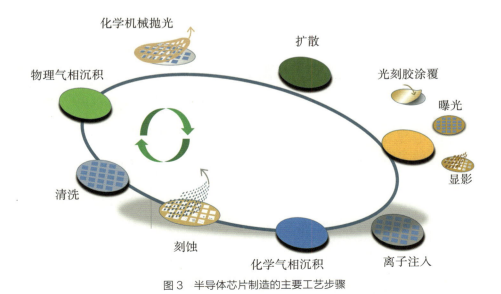

图 3　半导体芯片制造的主要工艺步骤

高端芯片在生产过程中，一般需要经历超过 30 次的光刻，因此光刻是芯片生产流程中最复杂、最关键，也是难度最大、工艺耗时最长的步骤，耗费时间占整个芯片制造过程的 40%～60%，制造成本占整个芯片制造成本的 35% 以上。如果说，芯片制造是人类近现代工业的桂冠，光刻机无疑是这顶桂冠上最璀璨的明珠。

光刻机的主要作用是将掩模版上的芯片电路图转移到硅片上，定义了晶体管的尺寸，是集成电路（IC）制造的核心环节。一般的光刻工艺要经历硅片表面清洗烘干、涂底、旋涂光刻胶、软烘、对准曝光、后烘、显影、硬烘、刻蚀、检测等工序。

光刻机的分辨率（Resolution）决定了它能够被应用的工艺节点，是光刻机非常重要的技术指标之一。光刻机的分辨率和光源的波长 $\lambda$ 成正比，和物镜的口径（NA）成反比。光源波长经历了从 436 纳米、356 纳米、248 纳米到 193 纳米的变化。光学透镜的 NA 也在持续地增加，从 0.38、0.6、0.8 增加到了 0.93～1.35。在 10 纳米以下的先进制程中，光刻机进入极紫外（EUV）光刻时代，波长下降到了 13.5 纳米。由于光学透镜会吸收 EUV，因此 EUV 光刻机采用了一系列反射镜系统对光源进行聚焦和反射，反射镜的形状、膜层、尺寸及光路和光源系统均比以往的光刻机更为复杂（图 4）。

那么，做光刻机难在哪里？

第一，光源是难点。EUV 光刻机的光源中使用钇铝石榴石晶体（Nd:YAG）和二氧化碳（$CO_2$）两束激光合并轰击锡滴形成锡的激发态，锡离子之间的转换最终产生波长 13.5 纳米的 EUV 光源，两组激光束的配合可提高 EUV 的转换效率。EUV 光源的真空容器内每秒有 5 万个直径 20 纳米的微锡滴被激光轰击，并且锡滴的大小和速度是可被调节的。然后，通过反射收集镜系统将该过程产生的紫外光投射到扫描

图 4　EUV 光刻机设备图

设备上。在轰击过程中，激光与锡滴的频率必须完全一致才能保证打中锡滴，未被击中的锡滴会对收集镜的镜面造成污染。在如此高的频率下保证每一束激光都要准确轰击到锡滴是非常有难度的事情。反射收集镜由 80 层钼 – 硅（Mo–Si）结构多层膜反射镜组成，其表面的铋（Bi）反射层精度误差不超过 25 皮米（1 皮米是 1 米的一万亿分之一，即 1 纳米的千分之一），相当于在 150 万米的距离上误差不超过 60 微米。另外，收集镜表面需要保持 1200℃的高温，并在真空容器内持续通入氢气以防止其表面迅速被锡覆盖。收集镜的制作、维护及保养也是难度极大的。

　　第二，对准系统是难点。光刻机对准系统的主要功能是将工作台上硅片的标记与掩模版上的标记对准，对准精度直接影响硅片的套刻精度，在芯片的制造过程中非常关键。晶圆表面不同位置的光阻高度差为 500 ~ 1000 纳米，微观上相当于重庆市起起伏伏的街道。然而，14 纳米制程的对准精度要求是小于 2 纳米，7 纳米制程的对准精度要求是小于

1 纳米。晶圆曝光过程中，每个单元影像曝光时间不到 0.15 秒，在这极短时间内，晶圆对准系统须及时调整高度，并保证不同制程光刻工艺的精度，对准系统的精准量测及精密控制都是难点。

第三，工作台及其同步系统是难点。如图 5 所示，工作台系统的运动精度会直接影响整个曝光过程中的成品率和吞吐量，是衡量光刻机性能的关键技术。例如每小时 175 片的吞吐量是十分常见的，每个单元影像曝光时间不到 0.15 秒，工作台的运动过程具有速度快和加速度大的特点，EUV 光罩加速度是 20 倍的重力加速度，跟导弹发射加速度差不多。工作台加速度是 4 倍重力加速度，同时工作台的每次移动误差须控制在 1 纳米之内。生产过程中如何保证在如此大的惯性和加速度下，精确地控制误差，同时保证光罩与晶圆同步，这都具有非常大的挑战。此外，较大的加速度常常会引入额外的震荡，从而给控制带来困难，并且在实际的环境中，常常会有各种各样的外部干扰，这使系统的稳定性也必须在设计时考虑到。这些涉及许多软件控制和算法，以确保上下协同精准到位。

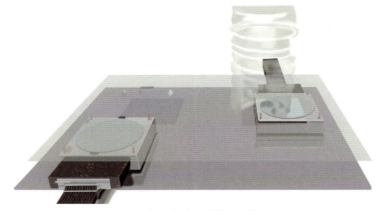

图 5　工作台及其同步系统

第四，反射镜系统是难点。EUV 光刻机为了能够精确达到 10 纳米以下的线宽及 1 纳米以内的套刻精度，整套的反射镜都必须非常平整，要经过上百万次的打磨，镜面上瑕疵的大小仅能在皮米以内，相当于整个云南省这么大面积的地方，最高凸起不能超过 1 厘米。反射镜的表面还需要精确沉积多层光学薄膜来满足反射或折射的精度要求，多层膜的周期厚度重复误差必须保证在 25 皮米之内，误差控制需要达到原子级别。此外，EUV 光源的转化率非常有限，EUV 从发出到晶圆表面的过程需要经过十几次反射，每次反射都会损失大约 30% 的能量，最终转换率只有 2% 左右。整个光行径路径的对准要求也非常高，误差范围仅允许小于 0.1%。反射镜系统的对准和调整直接关系到光源最终的转换率和光刻精度，从而影响到光刻工艺结果的稳定性。

第五，软件控制系统是难点。光刻机集成了顶尖的光源系统、反射镜系统、工作台系统、对准系统几大系统，整套光刻机包含了十几万个零配件（一辆汽车大概是 5000 个零配件），供应商就超过 5000 家。而光刻机的控制系统就像是光刻机的"大脑"和"神经"，它能将各个系统模块有机地联系起来并使其协同工作，通过管理软件设计程序，有序调配工作，实现对光刻机各个功能模块的高效控制，要求在毫秒内完成一系列的工作流程，其难度是非常高的。

整个半导体芯片制造过程需要成百上千道工艺，每一道工艺的完成、每一代芯片工艺制程的提升，均离不开类似光刻机这样的半导体设备来支撑。如果半导体设备的开发跟不上工艺制程需求，也就无法支撑高端芯片的制造和集成。所以说，半导体设备是集成电路产业链当中的基石。

# 弘扬抗疫精神　坚定文化自信

## 导读

2020 年伊始，一场新型冠状病毒肺炎（简称"新冠肺炎"）疫情突如其来，不断蔓延并迅速席卷全球。为此，人类历史上首次主动为传染病防控按下了全球经济的暂停键。面对前所未有的疫情，中国果断打响疫情防控阻击战，经过艰苦卓绝的努力，付出巨大代价和牺牲，历时 3 个月就取得了武汉保卫战、湖北保卫战的决定性成果，为疫情防控提供了极为宝贵的经验。抗疫斗争中展现出的抗疫精神也极大地鼓舞着每一个中国人。

新冠肺炎疫情发生以来，中医药深度介入、全程参与疫情防控和救治，中西医联合诊疗、高效协作，实验动物医学鼎力支撑，构建联防联控、群防群控防控体系，中国探索出一条疫情防控的特色之路。中西医分属不同理论体系，它们对于疫情的认识有着怎样的分歧与共识？中西医结合之路如何才能行得更稳？

## 主讲嘉宾

### 张伯礼

"人民英雄"国家荣誉称号获得者，中国工程院院士，中国中医科学院名誉院长。

长期从事心脑血管疾病防治和中医药现代化研究工作，获得国家科技进步奖一等、二等奖 7 项。

### 秦　川

中国医学科学院医学实验动物研究所所长，中国实验动物学会理事长。

长期从事实验动物学研究，创建了比较医学理论技术体系、人类疾病动物模型资源库和重大传染病动物模型平台。

## 互动嘉宾

**孙晓波**　中国医学科学院药用植物研究所所长，中华中医药学会中药资源学分会主任委员。

**王玉光**　首都医科大学附属北京中医医院首席专家、呼吸科主任。

**田　勇**　中国科学院生物物理研究所研究员、动物实验中心主任。

**主讲报告**

# 中医药创新与新冠肺炎疫情防控

### 主讲嘉宾：张伯礼

新冠肺炎是近百年来人类遭遇的影响范围最广的全球性大流行病，对全世界是一次严重危机和严峻考验。面对前所未知、突如其来、来势汹汹的疫情，中国果断打响疫情防控阻击战。把人民生命安全和身体健康放在第一位，以坚定果敢的勇气和决心，采取最全面、最严格、最彻底的防控措施，有效阻断病毒传播链条。14亿中国人民坚韧奉献、团结协作，构筑起同心战疫的坚固防线，彰显了团结互助的伟大力量。

## 中国答卷——中国特色社会主义制度的优越性

中国为什么能控制疫情？因为中国特色社会主义制度的优越性，中央统一指挥、统一协调、统一调度。习近平总书记提出"坚定信心、同舟共济、科学防治、精准施策""要把人民群众生命安全和身体健康放在第一位"。这不仅是一种理念，更是实实在在的行动。

各省、市、县成立由党政主要负责人挂帅的应急指挥部，自上而下构建统一指挥、一线指导、统筹协调的应急决策指挥体系，有令必行、有禁必止。14亿中国人民坚韧奉献、守望相助、团结协作，构筑起同心战疫的坚固防线，彰显了人民的伟大力量。冲在抗疫最前线的，不仅有医务工作者，还有许多默默付出的志愿者，他们完全是自愿参与的。中国人民上下齐心，在这一点上表现得异常突出。在武汉期间，我们天天生活在被感动的氛围当中，很多人说是我们感动别人，其实更多的时候也是别人在感动我们。

党和政府始终秉持"人民至上、生命至上"崇高理念开展疫情防控工作，要求全力救助每一个患者，做到应收尽收、应治尽治、应检尽检、应隔尽隔；科学精准防控，在全国范围内实施史无前例的大规模公共卫生应对举措；早发现、早报告、早管理、早治疗，构建联防联控、群防群控的防控体系。2020 年 2 月 6 日，武汉市开始举全市之力入户排查"四类"人员（确诊患者、疑似患者、不能排除感染可能的发热患者和确诊患者的密切接触者）。当时，武汉被分成数千个网格，每个网格里有若干个小区，每一栋楼、每一个单元、每一户都得查到。排查出来的人员会被救护车送到指定的隔离点进行隔离。正是因为采取这样的措施，武汉市的新冠肺炎疫情才得以在短时间内被控制住。

## 抗疫精神及启示

在这场同疫情的殊死较量中，中华民族和中国人民以敢于斗争、敢于胜利的大无畏气概，铸就了生命至上、举国同心、舍生忘死、尊重科学、命运与共的伟大抗疫精神。

生命至上，集中体现了中国人民深厚的仁爱传统和中国共产党人以人民为中心的价值追求。举国同心，集中体现了中国人民万众一心、同甘共苦的团结伟力。舍生忘死，集中体现了中国人民敢于压倒一切困难而不被任何困难所压倒的顽强意志。尊重科学，集中体现了中国人民求真务实、开拓创新的实践品格。命运与共，集中体现了中国人民和衷共济、爱好和平的道义担当。

这五条抗疫精神，高度概括了全国抗疫特别是武汉抗疫的经验。作为中央指导组专家，我有幸在一线参与了决策和部署的整个过程，认为这五条精神缺一不可，它不仅是抗疫的精神，也是我国战胜其他困难的精神法宝。

抗疫精神，给我们带来了六方面的启示：中国共产党是最可靠的主心骨；中国人民不屈不挠的意志力是力量源泉；中国特色社会主义制度的显著优势是根本保证；中华人民共和国成立以来积累的坚实国力是深厚底气；社会主义核心价值观和中华优秀文化是强大的精神动力；构建人类命运共同体是人间正道。这几方面是我们取得胜利的根本原因。

如果要问中国传统文化在抗疫中发挥了什么样的作用？那么可以说五条抗疫精神中，有三条都直接跟中国传统文化有关。比如生命至上，这是中国人的观念，生死大于天，所以才有了应收尽收、应治尽治，抢救每一个人的生命。我们觉得这种精神很亲切、很正常，但在大多数国家是做不到这一点的。再比如舍生忘死，我特别关注这点，我们一个逃兵都没有。而其他国家和地区脱岗的不在少数，他们认为首先应该保自己的命，这都是价值理念不同造成的。这些传统文化已经融入中国人民的骨子里了，平常看不出来，关键时刻就显示出无比强大的力量。

## 新冠病毒和新冠肺炎

新冠肺炎是指由 2019 新型冠状病毒（简称"新冠病毒"）感染导致的肺炎。2020 年 2 月 11 日，世界卫生组织（WHO）将新冠病毒感染的肺炎命名为"COVID-19"。临床表现以发热、干咳、乏力为主，少数患者伴有鼻塞、流涕、咽痛、肌痛和腹泻等症状。

新冠病毒属于冠状病毒的一种。自 20 世纪 60 年代冠状病毒被发现以来，先后给人类带来三次大危害，分别是 2003 年的重症急性呼吸综合征（SARS）、2012 年的中东呼吸综合征（MERS）和 2019 年的新冠肺炎（COVID-19）。

2020 年 9 月，清华大学破解了新冠病毒的物理结构（图 1）。这个病毒中，3 万条基因排列得井然有序，完全按照囊膜模式，外面鸟巢

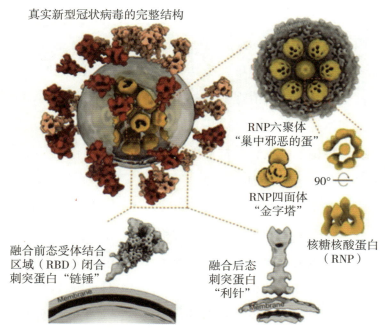

真实新型冠状病毒的完整结构

RNP六聚体
"巢中邪恶的蛋"

RNP四面体
"金字塔"

90°

核糖核酸蛋白
（RNP）

融合前态受体结合
区域（RBD）闭合
刺突蛋白"链锤"

融合后态
刺突蛋白
"利针"

图1 新冠病毒结构
（来源：清华大学李赛实验室）

状、里面金字塔状，这是一种比较稳定的结构模式，并且在需要时可以展开，不打折扣地"保证"它的传染性。这种结构是进化来的，其结构也说明这个病毒在不断演变，传染性越来越强。但从现阶段情况来看毒性可能在逐步下降，无症状感染者越来越多。

当时我们只有2003年抗击SARS的经验和其他一些传染病的治疗经验，对这个病本身并没有太大把握。新冠肺炎病情在武汉3个星期的演变图（图2）可以给我们一个直观的认识。第一个星期是关键，病毒复制最活跃，传染性最强，也是治疗最佳时期。如果治疗不及时，有些病例第二个星期可能就会释放大量炎性介质，导致病情由轻转重，释放更多炎性介质则可能导致脓毒血症，造成多脏衰竭，最后转为危重症。摸清了病情的演变情况后，我们对治疗就有了初步的把握。绘制这张病

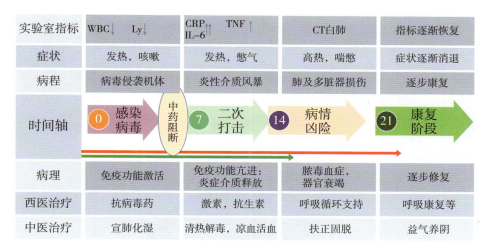

图2　新冠肺炎病情演变图

情演变图，是我们做的非常值得兴奋的工作之一。它与 SARS 相比，传染性更强，毒性弱一些，但是临床表现要更加复杂。

## 中医药全程参与救治

西医在治疗新冠肺炎时，需要了解病毒结构，了解病毒是如何侵入人体并与哪个受体结合，结合以后出现哪些病理变化，然后才能知道怎么救治，这些都需要时间。但病情不能等，这时中医的优势就显现出来了。西医关注病毒，中医则是辨证的，它关注病毒侵入机体时出现的证候特点，明确证候特征是中医药辨证论治的基础。我们把团队分成3个组，第一组编写新冠病毒证候学调查软件，第二组对上市药物进行快速筛选，第三组筛选有效的中药组分。

通过对全国20余家医院的1000余例患者进行中医证候信息分析，总结了证候特点和演变规律，明确了新冠肺炎是一种"湿毒疫"。湿毒蕴肺为核心病机，兼夹发病为临床特点。症状具体表现为以湿毒为主，头身困重，恶心纳差，乏力倦怠，舌苔厚腻。既是湿毒，又易兼夹发病是它的特点。我国地域广大，各地气候、地理条件不一，湿毒之邪兼夹各地不同六淫之邪共同致病，如岭南夹热、江浙夹温、西北夹燥，当时武汉寒冷又下了雨雪，有夹寒的表现（图 3）。中医讲湿邪，湿邪多怪病，凡是有湿邪的病，黏糊不容易好，而且兼夹发病，说它狡猾就是湿邪的特征。

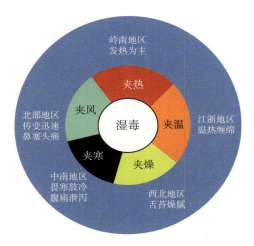

图 3　"湿毒疫"兼夹发病特征

我们把新冠肺炎分为四个型：轻型、普通型、重型、危重型。中医在治疗轻型 / 普通型患者时可以改善症状，降低转重症的比例；对于重型 / 危重型患者，应采用中西医结合治疗，尽早使用中药注射剂，挽救生命。而对于恢复期的患者，应采用中西医结合法促进康复，减少后遗症。中医药全程参与新冠肺炎的治疗，在各个阶段都可以发挥作用（图 4），特别在早期没有疫苗、没有特效药的时候，中药通过多靶点综合干预，有效改善症状，缩短核酸转阴时间，起到了非常好的作用。这点也叫作中医药的可及性，具有重要的价值。以后再出现突发新疫情时，我们还是要依靠中医药。

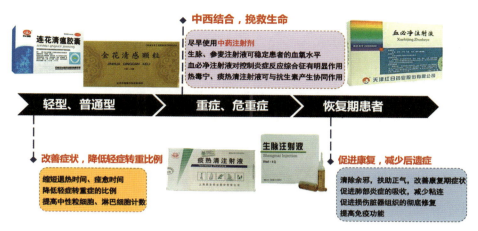

图4　中医药全程参与新冠肺炎的治疗

　　隔离的患者普遍服用中药，很多人就问，隔离以后服中药，谁给煮药？辨证治疗需要一人一方，那么多患者，谁给辨证啊？我们借鉴古代做法，采用通用方救治。一些县志上有记载，古代在4个城门口支大锅熬药，全城人都过去喝。村里也有办法，把药放在麻袋中并沉到井里，全村人喝井水就能起到预防作用。现在我们不用这样的方式，而是采用药厂煎药的方式，药厂1000多台煎药机，24小时不停煮药，不仅煎药，还把药送到隔离点门口。严格的隔离，加上普遍服用中药，有效地阻断了疫情，这是第一步胜利。

　　当时，中央赴湖北指导组一再指出，要真正做到应收尽收、不漏一人。开会讨论时，王辰院士提出建方舱医院，把轻型/普通型患者放在方舱医院，重型患者放在定点医院，危重型患者放在专科医院，所有问题迎刃而解。我们提出中药进方舱，中医包方舱，采用中西医结合治疗，包括汤药、中成药、针灸、推拿，还组织患者练太极拳、八段锦，采用综合疗法进行治疗。当时，我给江夏方舱医院定的目标是，患者不死，医生不伤。最后，江夏方舱医院患者没有一例转重症，没有一例复阳的，医生没有一例感染，这让我非常欣慰。后来我们把经验介绍给其他方舱医院，使其他方舱医院整体转重率也只有 2%～5%，而世界卫生组织认为应有 10%～20% 的转重率。吃中药能控制住转重率，没有重症就没有死亡，也不会挤兑医疗资源，这是非常关键的一步。所以，我们说第二步胜利的关键一招，就是建方舱医院，把患者分类救治，辅以普遍服用中药控制转重率，为以后的治疗创造了良好条件。

中西医结合在治疗重症患者中也起到了重要作用。比如重型患者使用呼吸机，氧流量足够高，但是血氧饱和度升不上去，对患者损害很大。这种情况下，口服生脉饮，注射生脉注射液，口服独参汤，可使血氧饱和度先稳定再达标。另外，如果炎症控制不住，在使用抗菌素基础上联合清热解毒类中药痰热清、热毒宁注射剂，可达到协同作用，协同控制住炎症。还有炎症风暴至关重要，使用激素副作用太大，而采用血必净注射液效果明显，可以说是起到了激素的作用。这次中西医结合在重症救治中发挥了重要作用。

最后一个阶段是康复，也是采用中西医结合方式，西医主要是评估作业训练，中医则可以用中药、推拿、针灸等综合干预，效果非常好。

在治疗经验的基础上，我们早在 2020 年 2 月中旬就总结了第一篇中医药对新冠肺炎临床疗效的特点和规律的文章。临床数据表明通过中医药的治疗，能够缩短住院时间、提高治愈率、降低病情转重率和死亡率；同时，对恢复脏器功能、改善免疫指标、降低炎症和凝血指标都有重要作用。

大疫出良药，历代都有这样的先例。我向中央指导组提出建议，在全国广泛应用的中药中，我们筛选出以"三药三方"为代表的中成药和方药。中成药包括连花清瘟胶囊、金花清感颗粒、血必净注射液，它们对新冠肺炎有较好疗效。研究并经临床评价出的 3 个新药方是：清肺排毒汤、化湿败毒方、宣肺败毒方。我们团队用现代技术，对宣肺败毒方进行成分分析，鉴定出 152 种化合物，借助网络药理学分析其潜在功能靶点，发现宣肺败毒方能够通过调控免疫炎症、阻断炎性风暴、保护脏器功能等多种作用发挥中药多成分、多靶点、多途径的整合调节作用机制。

过去经常说中药疗效说不清，但现在可以用科学手段大致说清楚了。例如我们这个药方就是关键解决了免疫调控问题，调节免疫功能适度活化、抑制炎性风暴发生是主要药理作用机制。白细胞介素–6 是炎性风暴的核心因子，控制它对控制整体非常关键。这个药方作用的核心靶点就是白细胞介素–6。

几千年来，中华民族在大疫面前一次次转危为安，中医药功不可没，并在与疫病斗争中形成了《伤寒杂病论》《温病条辨》等经典著作。这次疫情也让我们看到了中药是有办法的，国务院在《抗击新冠肺炎疫情的中国行动》白皮书中，对于中医药的作用也做了大篇幅的介绍和肯定。

疫考全球，考政治、考经济、考科技，更考综合国力，我们应该总结经验，补齐短板，加快体系建设，发挥优势，夺取最后胜利。这次疫情是百年未有之大变局的一个拐点。中国要想发展，关键还是靠自己，原创性的科技至关重要，而坚定文化自信更是基础。

**主讲报告**

# 动物模型与人类健康

**主讲嘉宾：秦　川**

动物模型基于实验动物，通过多个学科的技术交叉，使动物患上人的疾病，以研究疾病机理和研发药物。作为医学与药学发展的底层科技，动物模型是人类健康的基石。2020 年 1 月 20 日，国务院联防联控机制科研攻关组成立，提出了五大科技攻关方向：检测技术和产品、药物和临床救治、病原和流行病学、疫苗研发、动物模型。动物模型是五大方向之一，它被称为另一个与新冠病毒较量的战场。

## 动物模型与新冠病毒科技攻关

在医学科技攻关中，动物模型是第一步。从 SARS 到新冠肺炎，大家都对它"翘首以盼"。2020 年 1 月 7 日，我们接到国家卫健委指派的任务后，开始构建动物模型，此后就一直没有停歇。1 月 23 日，开始选择表达疑似新冠病毒受体——血管紧张素转化酶 2（ACE2）的人源化动物做感染实验。1 月 29 日，成功建成新冠肺炎 ACE2 转基因小鼠模型（图 5），证实了新冠肺炎的致病病原体和病毒入侵受体（图 6）。2 月 7 日，完成第一个药物的动物模型评价报告。2 月 8 日，成功构建出恒河猴模型。2 月 14 日，完成病毒传播途径实验报告。2 月 18 日，动物模型通过科技部组织的专家鉴定。3 月 14 日，完成第一个疫苗的动物模型评价报告。

系统性做完这些事情之后，我们在跟国外交流的时候，突然发现我们遥遥领先了。在世界卫生组织的会上，我们的课题组向世界科学家通

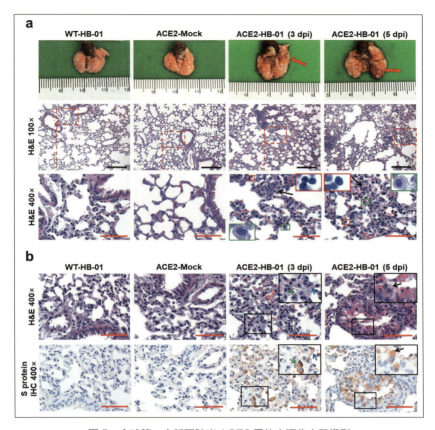

图 5　全球第一个新冠肺炎 ACE2 受体人源化小鼠模型

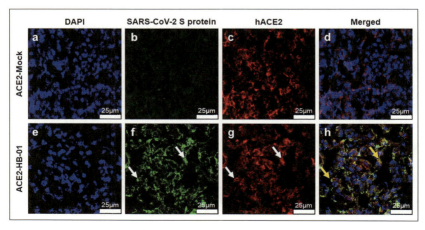

图 6　证实人 ACE2 是 SARS-CoV-2 入侵受体

报研究情况。我们讲完之后会场就寂静了，寂静之后，他们说中国科学家取得了不可思议的成果。我们的数据报告非常系统，他们说就不用讨论了，直接采用就行。总体来说，我们是全世界第一个建立新冠肺炎动物模型的国家，整体领先国际两个月，这为我国疫苗研发的领先赢得了宝贵的时间，并且发达国家均采用了我国的新冠肺炎动物模型研制技术和评价标准。动物模型的成功，使我国成为国际上第一个可以按照科学程序研发新冠病毒疫苗的国家。

在这个阶段中，我们做的主要工作有哪些呢？先是构建模型。我们把患者身上的病原体放到动物身上，让它感染疾病，然后从动物中分离出病原体，从而证实了新冠肺炎的病原体。接下来需要证实入侵途径。我们研究了病毒可能的传播方式，包括呼吸道传播、飞沫传播、气溶胶传播等，最终揭示了病毒的传播途径（图 7）。后来，又证实了免疫系统对再感染有保护作用，为研发疫苗和抗体奠定了基础。我们建立了测试疫苗和药物有效性的动物模型技术体系，通过动物模型研究，我们评价了 120 余种药物，并将其写入诊疗方案第二至第七版，提高了临床救

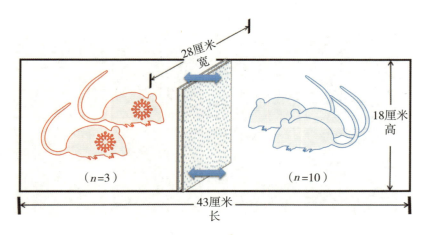

图 7　新冠病毒传播途径证实实验设计

治水平，促进了疫苗工艺改进完善，评价了全球第一个进入临床试验的疫苗、第一个上市的疫苗，评价了国家部署 80% 以上的疫苗，确保我国疫苗研发位居国际前列。

## 动物模型与实验动物科技发展

　　动物模型是什么？比如实验小鼠，它不是一般的小鼠，是赋予了一定特殊生物学特性的小鼠。我们用特殊方法，使它患上人类的疾病，它们相当于实验室的患者，这样就可以通过动物模型来模拟人的疾病（图 8）。我们做的主要是比较医学，通过动物模型与人的疾病类比，让它更好地反映人的疾病，帮助我们把人的疾病搞明白。2003 年，我们做了 SARS 冠状病毒的动物模型。通过动物模型，做了病原确定、动物溯源、感染机制、传播途径等工作。这些工作为后来发生的历次传染病的防控工作奠定了良好的基础，包括对未来可能出现的传染病，都做了一些技术储备。

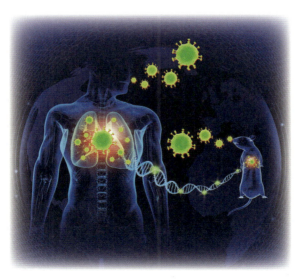

图 8　动物模型：实验室培育的"患者"

　　人类有成千上万种疾病，每种疾病的病因和表现复杂多样，对动物模型种类的需求极大。作为多学科交叉的领域，欧美国家长期致力于动物模型发展。美国自 1962 年起，专门成立了国家研究资源中心，每年投入十几亿美元，持续资助动物模型领域技术创新和资源创制。目前，该领域 95% 以上的原创技术及 85% 以上的原创资源均来自发达国家，这些原创资源和技术支撑了他们在生物医药领域遥遥领先的地位。现在，我们也在逐步缩小与发达国家的差距。围绕各种疾病，我们做了人类疾病动物模型资源库，形成了人类疾病的 1000 余种系列动物模型资源。

　　动物模型是医学发展的基础，解决疾病研究和药物研发面临的挑战是这门学科的价值。但由于物种的生物学特性差异，动物模型与临床疾病又存在差异。比如药物研究，如果选用了差异大的动物模型，会出现"九死一生"，临床无法重复动物实验结果，将带来巨大的浪费。现在，我国创建了比较医学学科，将动物模型技术理论化，提供了一套系统的方法学（图 9），使我国新药研发评价技术的准确性领先其他国家，找

图 9　比较医学理论技术体系示意图

到了"九死一生"问题的突破口。

　　未来除了生病，还会面临长寿的问题。比如一个人能活得时间更长，但是有些器官不行了，这个时候该怎么办呢？需要一些替代脏器，这都与动物模型研究分不开。未来医药领域的机遇，可能首要取决于动物模型的实力。

## 互动环节

**问题一：在这次武汉抗疫中，中医起到了怎样的作用？**

**观点一：**引发这次疫情的是一种新病毒，西医上没有疫苗，没有特效药，但是总得找办法解决。中医对新冠病毒也不了解，但中医有几千年的历史，也积累了很多治疗经验。我们看到患者的状况后，发现跟 SARS 有很多相近之处。经过辨证，给患者开处方，看到了疗效，特别是通过系统研究后，证实中医确实起到了很大作用。中医在这次抗击疫情中取得巨大成功，是源于千年的积淀，与它有很好的历史传承有关。

很多人问中医的治病机理，因为西医针对病毒，把病毒解决了，病就治好了，这很好理解，但是人们对中医就不那么好理解。可以这么举例，比如屋里有垃圾，生虫子了，西医是用杀虫剂把虫子杀死；而中医是清理垃圾，屋里干净就不招虫子了。这个例子说明，中医就是帮助人体清理垃圾，使人体靠自己的免疫功能战胜疾病。

**观点二：**无论中医还是西医，这次面对的都是一个未知领域，都需要用中医和西医的既往知识去发现规律、把握规律，不过中西医采用的方法是不一样的。西医先要找到病毒，以抗病毒为主线，在掌握了疾病从无症状、轻症到重症的发展规律以后，用呼吸支持技术降低了病死率。中医重视的是证候，通过证候来认识疾病。

当然，中医也重视病原体，并在第一时间找出了与 SARS 的不同点。从中医理论来讲，新冠肺炎属于湿毒疫，而 SARS 是瘟疫，从而根据证候来治疗。中医的治疗方案不仅能降低病死率，而且还能预防。另外，我觉得这次最大的特点就是中医和西医携手作战，并且，中医、西医、药理、基础、预防和药学等多学科充分交叉结合，共同协作来应对疫情。

### 问题二：通过这次疫情，给我们的总结和启示是什么？

**答：** 对于这个问题，国外也在问。第一，我说戴口罩、隔离很重要。虽然很简单，但是很管用，能解决 90% 的问题。如果患者戴上口罩，那么他传染给别人的概率就能降低 90%；而正常人戴上口罩，可以减少 90% 被感染的概率，所以说密集的地方一定要戴口罩。第二，要加强通风，冬天也要通风。我们现在是握手，实际上作揖更好，握手也有交叉感染的风险。第三，要把身体调整到比较好的状态，不要熬夜，适当进补，把体质调到最好的状态。不冷不热不上火，也不虚寒，就是最好的状态。人体的免疫功能修复关键是在晚上，所以不要熬夜，子时觉特别关键。子时是什么时间？11 点到 1 点，这段时间一定要躺着睡着了，必要的时候可以吃点中药，调节身体的状态。

## 问题三：未来我们该如何看待中西医结合的问题？

**观点一：** 中国有两套医学是中国人的福气，这两套医学是从不同角度来观察人体的状况，它们的优势可以互补，但是不可替代。这两套医学根本的区别点在于方法论，西医是一种分析的科学，把人体疾病越分越细，一直分析到基因，但是对造成疾病的复杂原因并没弄清楚，所以反过来又回到系统生物学。中医不可能分析得那么细，中医是一种复杂性科学，它是从宏观整体去把握人体。中医源自几千年来的思维方式，提出天人合一，人和自然要和谐，这种认识问题的方法论是超前的，强调整体观念，不是头疼医头，脚疼医脚，而是做好整体把握，强调辨证观。

所以说中医和西医是两套医学，虽然方法论不同，但都能解决问题。作为医生来说，如何把两者优势互补，给患者最好的照顾，让患者获得最大收益，这是最重要的。像我在治疗冠心病和心绞痛重症患者的时候，告诉患者一定带上硝酸甘油，关键的时候它能救命。但是一旦患者病情稳定了，或者他吃一段中药之后没那么痛了，那么硝酸酯类就不要用了。因为老用硝酸酯类药物，一是对心肌本身有伤害，一氧化氮过氧化了，也会有损伤；二是还要考虑耐药性，身体对药物耐受后，药就不灵了。使用中药能保护人体血管，综合效果更好。两套医学都是互补的，中西医结合是中国特色，也是中国人的福气。世界卫生组织提出"建立更公平、更健康的世界"，虽然各国都有关注，但是中西医结合却是我国独有的优势。

**观点二：** 无论是西医还是中医，它都是人类智慧的结晶，为什么要把它割裂开呢？包括这次疫情在内有许多案例，都证明了中西医结合优势互补，会为守护人类健康提供一个更好、更有效的途径。在 SARS 和这次新冠肺炎疫情期间我们都采用了中西医结合治疗，希望我国在中西医结合方面能够形成长效机制，利用两种医学的长处服务人类健康。

　　疫情是对我们的一次大考，不仅是考西医学、中医学，还是对一个国家治理能力的考验。武汉为什么能迅速控制疫情？实际上体现了一个国家的治理能力。中西医结合、各种防控路径结合，包括基础医学研究等，这些都是国家治理能力的体现。未来希望在中西医结合的体系、政策、措施、导向等方面，能够形成长期可持续发展，并在达成共识之后，形成一种制度固化下来。

# 类器官研究发展趋势与应用

## 导读

摆脱疾病困扰，健康长寿，是人类一直以来的梦想与希冀。器官移植是 20 世纪医学界伟大的奇迹之一，实现了人类生命的一种特殊延续。那么，人体内的器官是怎么运作的？人类为什么会罹患癌症？有可能复制和重建一个人体器官吗？这也是人类一直想求证的答案。

2009 年，荷兰科学家汉斯·克莱弗斯（Hans Clevers）在人体外环境下培育出一种具有肠道三维结构的微器官。它具有肠道的某些功能，被称为肠道"类器官"。类器官可以说是神奇的"多面手"，它能够让我们更好地理解器官发育、疾病发生，同时在个体化的精准治疗、药物筛选和研发、再生医学等方面发挥重要作用。

如今，肠道、胃、肝脏、肺、肾、心脏等类器官业已面世，这项新技术让人类充满了遐想。那么，类器官究竟能给我们带来怎样的惊喜？

## 主讲嘉宾

**陈晔光**

清华大学教授，中国科学院院士，中国细胞生物学学会理事长。一直从事细胞信号转导的研究，近年来主要研究方向是利用类器官技术研究肠、胃等成体干细胞自我更新和分化的机制。

**惠利健**

中国科学院分子细胞科学卓越创新中心研究员。

## 互动嘉宾

**王韫芳**　清华大学清华长庚医院转化医学中心教授。

**华国强**　复旦大学放射医学研究所研究员。

**孙志坚**　北京科途医学科技有限公司首席执行官。

# 类器官在生物医药中的应用

**主讲嘉宾：陈晔光**

在实验室里生长人类的器官？这个天方夜谭式的想法，于 2009 年在荷兰皇家科学院胡布勒支研究所成为现实。这种在人体外环境下培育而成的具有三维结构的微器官，有类似真实器官的复杂结构，称为类器官。胡布勒支研究所的生物学家汉斯·克莱弗斯领衔团队，利用类器官挽救了一个身患囊肿性纤维化遗传性疾病的孩子。这项技术一经出现，就受到了广泛的关注。

## 癌症与药物研发

从全球调查数据来看，致死率最高的疾病是心脑血管疾病，其次是癌症。据世界卫生组织的国际癌症研究机构 2020 年发布的《世界癌症报告》预测，到 2035 年，全世界可能有 2400 万癌症新发病例，死亡人数将超过 1400 万。我国同样也不例外，每年癌症发生率和病死率的增长趋势都非常明显。其中，癌症发生率排名第一的是肺癌，其次是胃癌、食管癌、肝癌、结直肠癌、乳腺癌等。全国每年有近 400 万人被诊断为癌症，相当于每分钟就有 7～8 人被诊断为癌症。

治疗癌症的药物却发展缓慢，2015—2021 年全球新药研发报告数据显示（图 1），2018 年是全球抗癌新药数量最多的年份，但也只有 18 种。

癌症发病率和病死率越来越高，治疗癌症的药物却非常有限，这实际上与新药研发流程有很大关系。新药研发耗时长、成本高、成功率

图 1　全球抗癌新药研发情况

低，前期科研得到候选药物后，必须先在细胞和动物上检测有效性和毒性，然后才能进入临床试验。临床试验一般包括三期：一期临床试验主要做安全性评价，检测药物的毒性，试验人数较少；二期临床试验主要检测药物有效性和毒性，试验人数可到几百；三期临床试验主要是进一步评价药物的广泛性，需要综合各方面的评价，试验人数会更多。然而在这个过程中，许多新药甚至做不到二期临床试验就宣告失败了。只有三期临床试验成功的药物，才可申请新药批准，接下来可能还需要做更大量样本的四期临床试验。临床试验的理论时间一般是 6～7 年，有时还会更长，整个过程费用也非常高。总体来说，一个真正的新药研发周期大多都需要 10～15 年，平均花费 10 亿～20 亿美元。

新药研发的费用昂贵，耗时很长，与试验模型有很大关系。在临床试验前，一般是在细胞和动物身上做试验。由于细胞无法代替人体内的复杂系统，小老鼠等动物与人类差别也很大，因此从动物试验过渡到临床试验时，药物毒性经常不能达标。加上疾病本身特性，也可能导致药物临床试验停止。例如肝癌有很多亚型，如果治疗肝癌的药物靶向不准，有效性不够，临床试验有可能就无法继续了。

为解决新药研发耗时长、成本高、风险大的问题，人们非常想找到一个接近人体体内的模型来做实验，其中的一项重要技术就是类器官。小肠组织类器官（图2）的结构看起来好像跟肠子大不相同，实际上它具有肠道上皮的所有细胞种类，具备肠道的主要功能。类器官技术是荷兰科学家汉斯·克莱弗斯在2009年建立，在2013年被《科学》（*Science*）杂志评为"年度科技发展十大突破之一"。

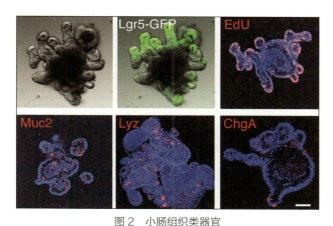

图2　小肠组织类器官
Lgr5-GFP标记肠干细胞；EdU标记增殖干细胞；Muc2标记杯状细胞；Lyz标记潘氏细胞；ChgA标记内分泌细胞。标尺大小：50微米。引自Li et al, 2018. *Cell Discovery*, 4:49.

类器官是由多种细胞类型组成的三维构建体，取自体内组织器官，通过体外三维培养，能在体外扩增，并保留器官的关键特性。类器官包含自我更新的干细胞群，可分化为器官组织中的特异细胞类型。因此，类器官拥有与对应的器官类似的空间组织并能够重现相应器官的部分功能。到目前为止，类器官培养已用于各种组织，其中包括肠、胃、肝脏、胰腺、肺、乳腺、肾脏、前列腺、膀胱及大脑等（图3）。例如，

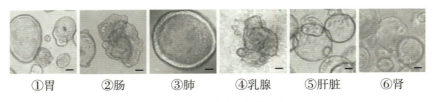

①胃　　②肠　　③肺　　④乳腺　　⑤肝脏　　⑥肾

图 3　不同器官来源的类器官

从人体中取出一块肝脏，在体外进行三维培养，培养出来的虽然不是肝，但是它能模拟肝的一些复杂结构，还能反映出肝的生理功能，这就是肝类器官。除了基于成体干细胞从体内组织器官直接培养出来的类器官，还有从多能干细胞（胚胎干细胞、诱导性多能干细胞）通过多步骤分化而来的类器官。

## 类器官的应用

类器官是"活"的，经过培养后还可以冷冻起来，需要时重新复苏再用。类器官与传统的生物标本相比有很大不同，生物标本是死的，只可以做病理切片检测或核酸蛋白提取，但无法进行再培养。并且，类器官还能在体外扩增，可复制器官组织的主要活性特征。如果使用类器官建立疾病模型，进行药物筛选、精准医疗和再生医学等工作（图 4），与模式动物相比，将会大大降低成本。

类器官可以用于药物开发。研发肿瘤药物时，通常是把人的肿瘤组织转移到没有免疫力的小鼠身上，在小鼠的皮下长出肿瘤，这种模型叫人源肿瘤异种移植（PDX）模型，是目前许多医药公司采用的方式。建立 PDX 模型需要较长时间，而且养殖小鼠花费很大。如果采用类器官，其优势就会很明显。一是培养肿瘤类器官，由于遗传稳定，可以保持基因变异与原组织的一致性；还能保留原组织结构的相似性并能反映原组织生理病理状态。二是通过培养患者的肿瘤类器官可以建立各种肿瘤类

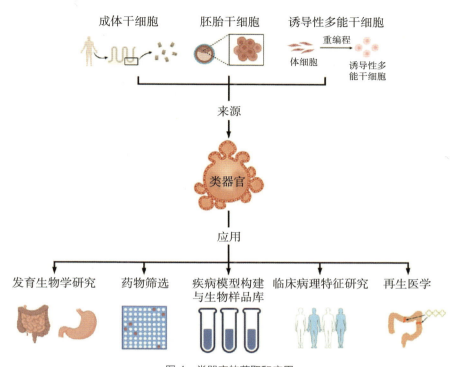

成体干细胞　　　胚胎干细胞　　诱导性多能干细胞

重编程

体细胞

诱导性多
能干细胞

来源

类器官

应用

发育生物学研究　　药物筛选　　疾病模型构建　临床病理特征研究　再生医学
　　　　　　　　　　　　　　　与生物样品库

图4　类器官的获取和应用

器官库，实现对药物的筛选；同时还可以结合患者信息、类器官进行基因分析和类器官对药物的反应等，找到样本的共性和特性，进一步优化药物筛选。

　　类器官可以用于精准治疗，针对不同患者选择不同药物。对于肿瘤患者来说，基因变异、病毒感染、炎症等都有可能是发病原因，很难用一个药物来治疗所有肿瘤，采用个性化治疗是最好的方式。在这方面，类器官又能发挥优势。不论肿瘤细胞是否变异，只需要把患者的肿瘤提取出来，快速培养成类器官，然后采用高通量筛药，把药监局批准的所有肿瘤药物全部筛选一遍，一旦发现有效药物，就可以给医生提出治疗建议。虽然疗效需要通过治疗才能最终得知，但这种筛药方式要比盲目用药高效很多。类器官精准治疗有一个著名的成功案例：荷兰人费边（Fabian）在小时候被确诊为囊肿性纤维化，这种疾病主要是因为氯离子通道囊性纤维化跨膜电导调节因子（CFTR）基因发生了变异，致死率高。约有2000种不同突变在CFTR基因中被鉴定，不同患者的基因变异情况也不同，因此很难知道哪种药物是对症的。费边的主治大夫找到了第一位建立类器官的生物学家汉斯·克莱弗斯，希望能用类器官对药物做一下筛选。后来，汉斯·克莱弗斯培养了费边的肠类器官，通过药物筛选发现有一种药很有效。这种被筛选出的药最终挽救了费边的生命。

类器官可以用于再生医学。利用人体内干细胞在体外培养成类器官组织，移植时就不用担心存在排异性。例如，阿尔茨海默病、帕金森综合征这类疾病会导致神经元死亡，通过类器官则可以让人体重新激发神经元。又如，糖尿病是因为胰腺无法分泌胰岛素，而通过类器官则可以重新促使胰岛素分化。如果在类器官培养过程中，发现基因有变异，还可以进行基因编辑，纠正错误基因后，再移植进人体。

除此以外，类器官还可用于毒性实验。肾、肝这两种器官对药物毒性很敏感，因此，先在肾、肝类器官上做毒性实验，然后再做临床试验就会更容易。

当然，类器官也有局限性，并不能完全代表体内的器官组织。例如，肝脏内有多种细胞，除了肝组织细胞，还有免疫细胞、血管、神经等，但是肝脏类器官却并不具备这些组织。并且，人体是一个整体，所有器官通过体内循环系统连在一起，包括免疫系统等，对于这些整体性的功能和系统，类器官也很难模拟。

尽管如此，类器官仍会成为未来医药发展的重要方向，科学家真正希望的是构建一个组织器官，把神经、血管和免疫细胞等系统整合进去，实现组织器官完整的功能和性质，从而更好地为疾病研究和治疗服务。

## 主讲报告

# 人肝脏类器官体的建立与应用

**主讲嘉宾：惠利健**

肝脏疾病是世界范围内常见且高发的疾病，在全世界每年约导致200万人死亡，并且患病率正在上升，威胁人类健康。对于肝脏疾病，病毒性肝炎及其相关疾病是比较普遍的。对于丙型肝炎，绝大多数的患者能通过抗病毒治疗实现痊愈。而在中国，乙型肝炎所占比重最大，疫苗接种大大降低了感染率。不过，有一小部分人群对疫苗没有响应，仍有被感染的风险。对于慢性肝炎引起的肝癌，目前只有索拉非尼、乐伐替尼等少数一线治疗药物，但响应度不高，比如索拉非尼，患者响应在10%左右。而对于肝硬化、非酒精脂肪肝等疾病，目前还没有真正有效的药物用于治疗。

肝脏疾病的药物开发，现在一般采用二维细胞培养模型和动物模型进行研究，各有显著的优缺点。二维细胞培养模型缺乏微环境因子和组织结构，动物模型存在动物与人之间的物种差异，这些缺点的存在使科学家产生了体外培养人类组织类器官体的想法。体外类器官体的构建需要满足细胞、基质和结构三个要素，即要有组织器官的不同类型细胞，要能形成细胞间基质，并实现三维结构。

肝脏结构其实很复杂，肝小叶是肝脏结构和功能的单位（图5、图6）。其结构包含肝细胞形成的肝板、胆管细胞形成的胆管，以及免疫细胞、血管细胞和星形细胞形成的间质等。那么，培养肝脏类器官体，该从哪里入手？关键的技术包括种子细胞的获得、培养体系的构建、组织结构的形成。先是种子细胞的获得。利用干细胞分化、成纤维细胞转分

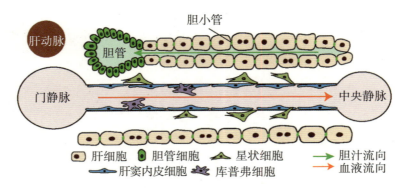

图5　肝小叶示意图

```
肝小叶的特征：

1.细胞类型：肝细胞，胆管细胞，
　　　　　　肝窦内皮细胞和星状细胞

2.结构：肝索（板），肝窦和三联管（胆管、
　　　　门静脉、肝动脉）

3.双管道系统：胆管系统
　　　　　　　血管系统
```

图6　肝小叶的特征

化或者成体肝细胞去分化技术得到肝脏细胞，利用现在的技术已经能够实现种子细胞的获得。接下来是构建类器官，目前已经能够培养出具有肝脏代谢功能的简单类器官体（图7），即只含有肝细胞一种细胞类型并成功模拟部分肝脏组织和功能的三维结构。最近，一些研究也在逐步实现含有多种细胞类型、带有功能血管和胆管的复杂肝脏类器官体（图8）。

　　肝脏类器官体培养出来后，就可利用它来模拟一些肝细胞本身相关的疾病，比如肝癌的发生。可以把癌基因导入类器官体，观察肿瘤在类器官体内是如何发生的。类器官相比细胞模型体现出了三维结构的优势。在癌基因诱导的肝细胞内，会出现线粒体和内质网的紧密互作，这

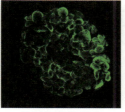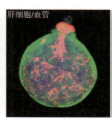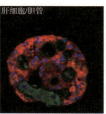

①胆管类器官　　②肝细胞类器官　　　　①血管化肝脏类器官 ②胆管复杂类器官

图7　简单肝脏类器官体　　　　　　　图8　复杂肝脏类器官体

种互作会导致氧化物积累，损害细胞最终造成肝癌。这个过程，只有在三维的类器官结构中才可以真正看到。又比如，肝脏中有两类上皮细胞——肝细胞和胆管细胞。之前一直认为肝细胞会形成肝细胞癌，胆管细胞会形成胆管细胞癌。但临床上存在一类肝细胞癌和胆管细胞癌混合的肿瘤，混合型肿瘤的细胞来源一直不清楚。利用类器官体证实了肝细胞原来可以形成胆管细胞癌，从而确认这些混合型肿瘤的来源可能是肝细胞。而这利用之前二维细胞培养模型是无法发现的。

此外，肝脏类器官体还给一些以往要用复杂手段或者没有手段来解决的问题提供了方案。例如，肝癌患者进行手术切除之后，一般会继续用药，以彻底清除可能残余的癌细胞。为了精准用药，以往将手术后的肿瘤组织种植在免疫缺陷动物体内进行研究，非常复杂。现在可以将患者的肿瘤组织直接培养成类器官体，然后筛选药物，就可以实现精准用药。再例如，乙型肝炎病毒感染目前还没有很好的试验体系，有了肝脏类器官体，则可以让类器官直接感染乙型肝炎病毒，研究病毒感染和复制的机制，从而找到合适的治疗药物。

当然，对于肝脏类器官体来说，目前还缺少功能化的血管及免疫系统等，结构也仍然比较简单，整个领域还处于起步阶段，需要继续努力。

**互动环节**

### 问题一：类器官技术实现了哪些创新？

**答：** 类器官技术与现有的细胞模型、动物模型相比，是一种技术和效率的迭代。使用类器官可以把人的正常组织或病理组织（比如肿瘤）非常高效地变成一个体外模型，极大丰富对个体和疾病多样性的认识，这对于新药研发和生物学特征的了解都是一个革命性的应用。类器官技术能够改变疾病认识的研究范式、疾病诊疗的治疗模式，将能解决一些以往所不能解决的问题。例如诸如病毒，一直以来都没有较好的研究模型，而如果采用肠道类器官，让病毒在肠道类器官上复制，就有可能实现研究模型的突破。

### 问题二：利用类器官技术研发创新药物，目前情况怎样？

**答：** 目前，类器官技术已经被整合到创新药物研发的流程中了，例如用于早期靶点发现、先导化合物筛选、细胞药理实验模型构建，以及药物协同效应之间的评价等。在一些药厂的临床药物筛选中，类器官已经起到了非常关键的作用。这种应用存在大量的商业转化价值，尤其在个性化医疗方面将有巨大潜力。

## 问题三：类器官的使用是否会涉及伦理问题？

**答：** 类器官是人体外培养的组织，一定会涉及伦理问题。建立的类器官库不仅是一个实体库，还是一个信息库。类器官从基因编码到蛋白表达，从细胞组成到功能，会含有人体的许多信息。例如，某些遗传性疾病或者种族特异性的罕见病，可能会涉及整个家族或者部分群体的遗传信息。这些信息需要被很好地组织起来供科研使用，如果被随意滥用，可能会涉及生物安全问题。由此可见，在类器官研究过程中，既涉及类器官库的信息共享问题，又与生物安全相关，因此类器官的使用必然会与伦理密切相关。

一方面类器官技术发展会带动伦理发展，另一方面伦理发展也在推动着技术不断迭代。这要求行业专家、科学家、临床医生，甚至患者群体共同努力，推动规则和标准的制定，规范类器官产业，实现其发展壮大。

# 中国水资源与水安全

## 导读

　　中国人均水资源只有世界平均水平的 1/4 左右，而且水资源分布极不均衡。为保障国家水安全，从水库大坝到南水北调，从生态恢复到控污节水，我国对水资源的利用和保护，走出了一条从开发为主到综合利用，再到保护为主的良性发展道路。尽管如此，我国的用水结构和经济账单仍有不少不合理的地方，需要进一步优化。如今，经济社会发展需求和气候变化的不确定性，对水安全提出了新的挑战。我们该如何治水兴水，又该以怎样的智慧来解决中国的水安全问题呢？

## 主讲嘉宾

**张建云**

中国工程院院士，南京水利科学研究院名誉院长，长江保护与绿色发展研究院院长。长期从事水文、防汛、抗旱、气候变化影响，以及水环境保护等方面的科研工作。

## 互动嘉宾

**李原园** 水利部水利水电规划设计总院副院长。

**王建华** 中国水利水电科学研究院副院长。

**王银堂** 南京水利科学研究院副总工程师。

## 主讲报告

# 区域水平衡与水安全保障

**主讲嘉宾：张建云**

实现健康的区域水平衡，保障流域水安全，对全面建成小康社会、实现中华民族永续发展，具有重要的战略意义和深刻的科学意义。党的十八大以来，党和政府提出"节水优先、空间均衡、系统治理、两手发力"的治水思路，为水利改革发展提供了根本遵循和行动指南。

## 我国水资源自然禀赋及特征

我国降水空间分布悬殊，总体上南多北少、东多西少，自东南诸河向西北递减。这主要由特定的地理条件和季风气候决定。太平洋和印度洋是我国降雨的主要水汽来源。太平洋水汽在向北运动过程中，遇到北方冷空气容易形成降雨。印度洋水汽由于受喜马拉雅山脉的阻挡，在爬升过程中容易凝结形成降雨。

我国的降水具有时程变化大的特点，主要表现为雨热同期，也就是说降水和温度是基本同步的。年内降水高度集中在汛期，汛期降水量占全年的60%~70%，而且年际变化剧烈，北方降水的最大和最小的极值比大于3，西北地区甚至大于10。这种降水特点，容易造成我国旱涝并发频发，使我国水资源呈现出以下明显特征。

第一，总量大，人均占有量少，总体缺水。我国年均水资源量是2.84万亿立方米，居世界第6位；但人均水资源量只有2100立方米，约为世界平均水平的1/4。我国总体上是个缺水国家，常年全国缺水近500亿立方米，城市缺水比例高。

第二，时空分布不均，工程性缺水问题突出。受降水影响，我国河川径流年内高度集中在汛期，不少地区特别是山区，呈现有雨则涝、无雨则旱的特点。降水年际波动大，连丰或连枯年份频繁出现，工程调蓄能力偏低。如海河流域（图 1），在 20 世纪 60 年代，降水处于连丰期，此后续则是一个连枯期。这对水资源调控提出了很高的要求。

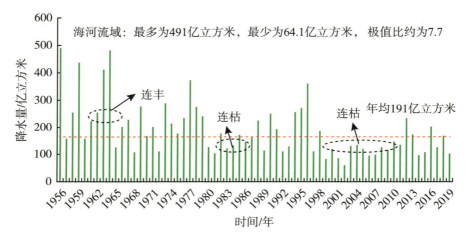

图 1　海河流域年际降水情况

第三，水资源的分布与经济社会要素不匹配，制约了经济社会的发展。在黄淮海地区，水资源只占全国的 7%，但是人口数量、国内生产总值（GDP）、耕地却占到全国 30% 以上。全国 21 个重要经济区中，12 个位于水资源严重短缺地区；13 个粮食主产区，7 个分布在北方水资源紧缺地区（河北省、河南省、黑龙江省、吉林省、辽宁省、内蒙古自治区、山东省）；17 个国家能源基地中，有 16 个分布在水资源环境超载或接近超载地区。这些均制约了我国经济社会的发展。

# 水安全基本形势和主要问题

中华人民共和国成立以来，我国治水取得辉煌成就，为经济社会发展和民生改善提供了有力的基础性支撑和保障。这些成就主要体现在防洪安全、供水安全和生态环境安全三方面。

在防洪安全方面，大江大河的防洪工程体系已经建成。国家防汛指挥系统工程的一期、二期工程已经建成运行，并在防汛当中发挥了重要的作用。现在我国已经基本具备防御中华人民共和国成立以来发生的最大洪水的能力，洪水防御能力达到国际中等水平。

在供水安全方面，随着南水北调中线、东线工程投入运行，一批水资源重大工程陆续建成运用，我国南北调配、东西互济的水资源宏观配置格局已基本形成，年供水能力达到 700 亿立方米，可以基本保障中等干旱年份的城乡用水需求。

在生态环境安全方面，累计治理水土流失面积 131 万平方千米，使我国水土流失严重的状况得到了有效的遏制。

同时，我国的水安全形势依然严峻，变化环境下新老问题交织，水安全保障面临严峻、复杂和长期性的挑战。主要体现在以下四方面。

第一，水资源短缺。主要表现在用水效率偏低，用水量偏大。我国用水方式粗放，万元 GDP 用水量与美国、澳大利亚、以色列等发达国家的差距还比较大。2001—2019 年全国用水量从 5567 亿立方米增加到 6021 亿立方米，年均增长 0.45%（图 2）。在科技进步和节水型社会建设的推动下，近 10 年增长速度有所放缓，但用水总量仍然居高不下。

水资源短缺还表现在用水结构不合理，生态用水被大量占用。从行业角度来看，2001—2019 年，全国农业用水占比从 69% 降到了 61%，生活用水从 11% 增加到 15%，人均生态环境补水从 0.4% 增加到 4.1%，

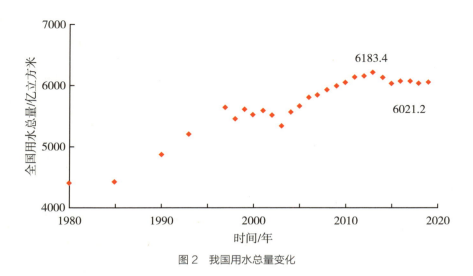

图2 我国用水总量变化

工业用水未出现增长。同时，北方河流过度开发，地下水超采严重。国际上河流径流量开发警戒线一般采用40%作为标准。我国北方河流中，除松花江，其他河流均超过开发警戒线，存在过度开发的情况（图3）。如海河流域超过100%，黄河流域达到72%。2001年以来，全国地下水

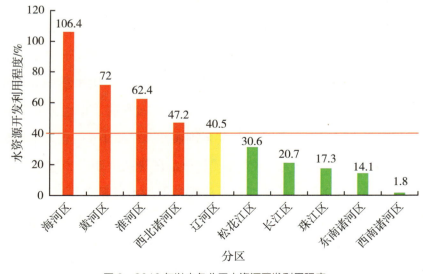

图3 2010年以来各分区水资源开发利用程度

超采区域面积达到了 30 万平方千米。

近 50 年来，我国存在着一条明显的西南—东北走向的干旱缺水趋势带。如 2008—2010 年，我国西南五省连续 3 年干旱。在正常年份，严重缺水的城市接近 200 个。

受以上因素影响，我国存在着的明显区域性和工程性缺水特征，制约了经济社会的发展。

第二，洪涝灾害多发。我国 2/3 的国土面积受到洪水威胁，2/3 以上的城市发生过洪涝，流域性洪水时有发生，洪涝问题仍然是我们的心腹大患。近年来，城市洪涝问题越来越突出，几乎年年发生城市"看海"的现象。住建部 2006—2018 年的统计数据显示，我国年均有 157 所城市发生城市洪涝，直接经济损失超过 2000 亿元。

第三，水污染表现出长期性和复杂性。经过严格的水资源和水环境治理后，河流水环境稳中向好，但是湖泊水环境未见明显好转。近年地表水质量有所改善，但是地下水质量出现恶化。常规水污染整体上是可控的，但是对新型水污染的认识不足。水污染存量在持续消减，但是随着经济社会发展，水污染增量的压力还是巨大的。

第四，水生态损坏。主要表现在冰川消退、河湖湿地萎缩和严重水生态系统退化。与 20 世纪 60 年代相比，2010 年以来我国冰川融水量增加了 54%。据此推算，1960—2020 年的 60 年间，我国冰川储存量减少了 800 立方千米，这相当于 2001 年冰川体积的 1/5。全国湖泊面积明显萎缩，长江生物完整性指数到了最差的"无鱼"等级，这些都给我们敲响了警钟。

## 环境变化加剧水安全风险

因气候变化带来的环境变化正进一步加剧我国水安全的风险。全球变暖导致海平面持续上升，沿海地区防洪防风暴潮形势更加严峻，极端事件呈现增多趋强的趋势。极端事件从过去千年一遇变成现在两百年一遇、三百年一遇。中华人民共和国成立以来，登陆中国的台风数量呈现增加趋势，台风及超强台风频发，由台风带来的降雨也呈现增加趋势。极端暴雨一再突破天花板，如 2020 年安徽梅雨季节，时间长、范围大、强度强，达到历史最高纪录，全省平均降雨量是常年同期的 2.1 倍，达到 856 毫米，单站最大降雨量甚至达 2179 毫米。

随着气候变化，我国水资源短缺问题可能会更加突出。1961—2018 年，中国平均降水量总体呈现非显著性增加的趋势，平均每 10 年增加 4.2 毫米，但是水分蒸发和用水量增加幅度更大。据 1956—2018 年全国主要江河径流量水文控制站统计（图 4），各河流的流量都呈现明显减少的趋势，海河流域呈现大幅下降，黄河流域上下游也明显减少。

气候变化带来的温度上升，可能导致需水量增加。据统计，

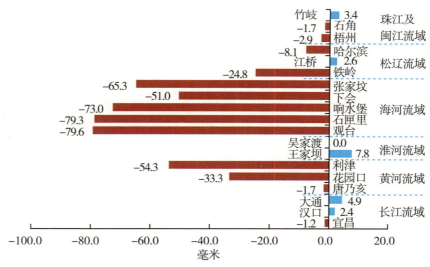

图 4　全国各大江河主要水文控制站河川径流变化
（1980—2018 年系列与 1956—1979 年系列比较）

2001—2019 年，全国供水量从 5567 亿立方米增加到 6021 亿立方米，年均增长 0.45%。在农业生产方面，温度、湿度和降雨的变化，对农业灌溉有明显影响。如果温度上升 1℃，冬小麦净灌溉需水量将增加 3% 左右，并且降雨的变化使需水过程的适配性也变得更差。在工业生产当中，温度升高会导致工业冷却用水增加。冷却用水占工业用水的 60% 左右，初步研究表明，环境温度每上升 1℃，工业冷却用水将增加 1% ~ 2%。

预测未来，我国缺水形势不容乐观。根据联合国政府间气候变化专门委员会（IPCC）提出的几种不同气候排放情景，选择典型浓度路径 4.5（RCP 4.5）这种中等排放情景对我国进行水资源情势模拟，结果显示：到 2035 年，虽然降水在北部呈现增加趋势，但是水资源在黄淮流域和西南总体呈现减少趋势。特别是华北地区，2035 年水资源量是减少的，到 2050 年水资源量减少量更加明显。

## 国家水安全保障对策

民生为上，治水为要。党的十八大以来，以习近平同志为核心的党中央高度重视水利工作。习近平总书记多次明确提出"节水优先、空间均衡、系统治理、两手发力"的治水思路，为推进新时代治水提供了科学指南和根本遵循。

保障国家水安全，需要全面实施防洪治涝规划，构建协调、韧性的防洪治涝体系。加强防御能力是筑牢防灾的底线，要强化区域和城市防洪除涝的基础设施体系，要健全非工程措施，包括编制洪水风险图、升级改造防汛指挥系统、进行科学预报和调度。

保障国家水安全，需要加强需求侧管理，降低水资源刚性需求压力。2012 年，国务院发布了《关于实行最严格水资源管理制度的意见》，提出三条红线，即水资源开发利用控制的总量红线、用水效率的控制红线、水功能区纳污的限制红线。这三条红线，是我国实行最严格水资源管理制度考核的重要手段。同时，要强化水资源在空间规划中的刚性约束，以水定城、以水定地、以水定人、以水定产。加强需求侧管理，还需要深化节水型社会建设，实施国家节水行动。节水是我国的长期治水方略，是解决水资源短缺的根本出路。

保障国家水安全，需要通过优化配置，提升水资源承载能力，实现水资源与经济社会的协调发展。南水北调东、中线工程已分别于2013年年底和2014年年底运行，西线工程正在论证。未来我们将构建"四横三纵"的国家大水网，实现流域水资源的优化配置。同时，我们也可以通过拓展水源，加大非常规水资源利用，提高供水保障率。加强流域防洪调控工程建设，提高洪水资源化利用率、提高中水利用率、加强海水淡化与利用等。

保障国家水安全，需要铁腕治污，提升水环境质量。2015年4月，国务院发布实施《水污染防治行动计划》，以改善水环境质量为核心，系统推进水污染防治、水生态保护和水资源管理，提出各个阶段的治理目标。

保障国家水安全，需要绿色发展、生态优先、科学修复。我们提出"宜乔则乔、宜灌则灌、宜草则草、宜荒则荒"的原则，要考虑到植被恢复对水分的消耗，考虑到对水资源的影响。同时，生态红线和自然保护区范围过大也不利于生态保护，因此要考虑"山、水、林、田、湖、草"生命共同体的原则，科学地划定生态红线。

## 健康的区域水平衡构建路径

我们要认识到，复杂水问题的重要根源在于突出的一系列不平衡性，包括降雨径流不平衡、区域分布不平衡和经济社会不平衡等。强化水安全保障，关键在于降低这些不平衡性，目标是建立和实现水的供给侧与需求侧的双向平衡和适配。

健康的区域水平衡是指区域水平衡要素在总量和时空分布上相互协调和匹配，能够有效支撑水资源—经济社会—生态环境耦合系统稳定的良性演化，包括总量平衡、时间平衡和空间平衡。

因此，构建健康的区域水平衡，要认识到健康水平衡和水资源的承载能力，两者相互影响并具有对应性。同时，两者又是有差异的，水资源的承载能力强调控制经济社会发展规模的阈值；健康水平衡关系侧重于诊断水循环系统的发展状态与关键要素对应关系。这决定了它的解决路径，一是要减少用水压力，二是要提高支撑能力。所以，健康水平衡关系的构建路径，可以从以三方面来考虑，即总量平衡路径、时间平衡路径和空间平衡路径。

总量平衡路径，通过双向调控水资源需求和供给，从需求侧通过控减压力负荷，从供给侧要提高支撑的阈值，实现水平衡状态优化，最后达到健康水平衡。从宏观上要落实"四定"原则，从微观上要提升各个流域、行业和水库的用水效率，推动建设节水型社会，并加强非常规水资源的利用。其中，科学适度实施跨流域调水是重构区域水平衡关系的一个重要途径。海河流域水平衡情况如图5所示。从海河流域的外调水供水情况来看，1970年到1980年海河流域的水量是基本平衡的。从1981年到2000年，由于经济社会快速发展和水资源的过度开发利用，海河流域逐渐失去了水平衡，此后形势更加严峻。从2013年开始实施跨流域调水后，海河流域水平衡关系逐渐缓解。

时间平衡路径，包括分散式平衡和集中式平衡。第一，利用植被和水土保持设施建设，进行分散式平衡。水土保持设施可以加强水源涵养，

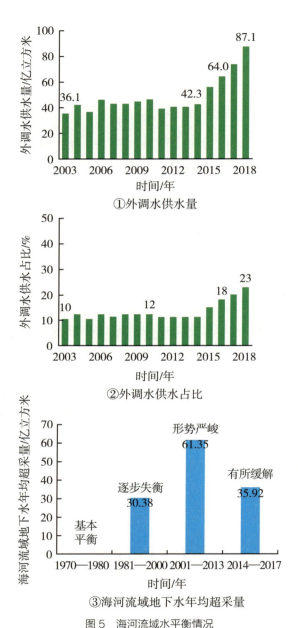

①外调水供水量

②外调水供水占比

③海河流域地下水年均超采量

图 5　海河流域水平衡情况

防治水土流失，调节水流时程上的不均匀性，目前在黄河流域发挥了很大的作用。第二，通过湖库湿地的储水空间，进行集中式平衡。截至 2020 年，全国现有水库 98002 座，总库容 9323 亿立方米，蓄滞洪区 98 个，调蓄能力约 1000 亿立方米。湖库设施是防洪减灾和水资源供给的基础设施，也是保障枯水期河道生态水量的重要依托。

空间平衡路径，包括南水北调跨流域调水工程和引江济淮、引汉济渭、西江大藤峡水利枢纽、滇中引水等一批标志性工程，进行跨区域、流域水资源配置。

## 互动环节

### 问题一：目前，中国用水的经济账单是怎样的？

**答：** 从总体来看，我国万元 GDP 用水量约需要 61 立方米，也就是说，1 立方米水能产出 160 多元钱，与全世界平均值相比，处于中等略往上的水平。但是与欧美发达国家比较还是有差距，它们的 1 立方米水能产出 1000 元人民币的产值。

从农业上来看，我国耕地面积是 21 亿亩（1 亩 =667 平方米），灌溉农业面积占一半左右，鱼养农业约占另一半。鱼养农业，1 立方米水能够生产出 1.2 千克粮食，灌溉农业用水效率相对高一些，1 立方米水能够生产出 1.8 千克粮食，总体上平均大约是 1 立方米水生产 1.5 千克粮食。世界先进水平是约 2.1 千克。从这个角度看，我国跟世界先进水平还有一定差距。

从工业上看，我国 1 立方米水约能产出 260 多元，这跟世界先进水平差距非常大。不仅用水效率有差别，而且产业结构也不同。欧美许多国家的工业生产已经不太依赖于水资源的供给。

从生活用水看，我国城镇管网平均漏水率约 14.5%，世界先进水平则低于 5%。尤其是东北三省，由于对城市基础设施改造力度不够，漏水率普遍达到 25%，相当于供出去的自来水，到用户那里，近 1/4 的水已经损失掉了。

因此，在十六字治水方针中，把"节水优先"放在优先位置，强调提高水资源利用效率是关键，杜绝一边加大治水调水、一边随意浪费水的现象出现。

**问题二：在"节水优先、空间均衡、系统治理、两手发力"的十六字治水方针中，其中的"两手发力"该怎么理解，政府和市场应该怎样协调发力？**

**观点一：** 在水资源中，一部分水是用于维持生态或者保护生态，另一部分水是用于经济社会活动的，这样就创造出政府和市场"两只手"，二者共同来调配资源。

政府先要确定水资源保护和开发利用的规则，规则确定后才会激活有序规范的市场行为。比如一条河有100亿立方米的水，应该给自然留多少？应该给我们利用多少？这些水在不同地区、不同行业之间应该怎么分配？每个人都有用水的权利，但是没有浪费水的权利，那该如何确定用水效率和指标？这都需要政府制定好规则。

水、经济社会及生态环境，过去是由自然进行匹配的。但随着经济社会发展，这种格局和分配状况都发生了很大变化，需要重新制订配置方案。这既要发挥政府对资源配置的控制性作用，同时又要发挥市场对资源配置的决定性作用。

**观点二：** 水价也非常重要，我国水价调节运用得还不是很充分，其中最不充分的就是农业水价。我国农业用水超过60%，农业节水关乎整体的节水效率水平。但是农业由于自身的一些特点，其水价调整是"轻不得、重不得"。如果价格太低，调整幅度小，对节水基本没有促进作用；如果价格太高，调整幅度大，又会增加农民负担。这是现在农业水价改革遇到的困难。

我觉得农业水价改革，可能要走两条路。第一，规模化经营。现在凡是农田规模化经营的，节水都搞得很好，它自然而然把水和肥进行了一体化配置。所以农田规模化是我们今后很重要的一个方向，但是也不可能把所有土地都规模化。第二，我国农户平均耕地面积约为 5 亩，可将耕地交给公司进行精细化管理，政府给予一定扶持，这样能将水价提升到合适的点上。这样，最终通过农业水价改革，节水效率将显著提高。

**问题三：为解决水资源分布不均，各国都建设了许多水库大坝和水电站。从长远来看，它是利大于弊，还是弊大于利？**

**观点一：** 关于水库大坝的利弊问题，有一个历史背景。早在 20 世纪 60 年代，当时埃及要建大坝，美国一开始准备承建，但由于美国要价过高，于是埃及将承建权转给了苏联。后来西方媒体受资本驱动，将水电工程、水电大坝进行"妖魔化"，说它的负面效益更多。

目前，我认为要一分为二来看。水电大坝有阻隔性，会对生态有一些影响。但水电作为一种绿色清洁能源，还是应该继续发展，不过要选用可持续的方式去发展。这要求我们要运用更加安全、绿色和生态的技术去建设大坝，不能因噎废食而不去建设。

**观点二：** 全世界各国包括发达国家，当前的共识是水电大坝具有不可替代性，而且有着长期不可替代性。比如洪水，过去称为防洪，后来称作抗洪、洪水管理，现在称为洪水资源化。要有堵有疏，将洪水变成可调蓄的水资源。

任何一个国家，一定要结合本国国情来考虑大坝的建设。我国降水时空分布严重不均匀，这是我国的独特国情。几千年来，治水也一直是中华民族面对的难题。所以讨论大坝建设问题，一定要结合国情来讲，不能简单地说多还是少，弊还是利。比如三峡水利枢纽工程，首先解决的是防洪问题，同时还提高了航运效率等。比如锦屏水电站，高 305 米，是世界最高大坝。这里原来的植被比较差，大坝建好以后，水汽和湿度条件得到改善，现在两边山上的植被生长状况都出现了明显改善。

当然，我们也要考虑如何消除大坝修建、水电开发带来的影响。如鱼道问题、其他生态环境影响问题，这些还是需要想办法解决的。

# 种业发展与粮食安全

## 导读

　　中国是一个农业大国，用半个多世纪解决了养活中国人的问题，但同时也面临着新的难题。目前，中国自主选育品种的种植面积超过 95%，其中水稻、小麦能够完全自给，但玉米育种的亲本有一半依靠进口，玉米、大豆单产水平不到美国的 60%；"中国蔬菜之乡"山东省寿光市"洋种子"的使用率超过 30%；甚至还出现中国人种植自己的种子却需要向国外公司交专利费的现象。

　　中国拥有丰富的种质资源，但在资源和利用之间仍存在不小差距。中国的育种技术仍差强人意。品种作为生物种业的"芯片"，生物育种是种业创新的核心。要想让中国人把饭碗端得更牢，让 14 亿人吃得更好，我们就必须打好种业翻身仗，加大生物育种与产业化力度，突破当前农业发展中的重大瓶颈，加快培育战略性新兴生物产业，保障国家食物安全和农业可持续发展。

## 主讲嘉宾

**万建民**

中国工程院院士，中国农业科学院副院长兼南繁研究院名誉院长，中国作物学会理事长，水稻分子遗传与育种专家。长期从事水稻优异基因挖掘和分子育种研究工作。

## 互动嘉宾

**黄季焜**　北京大学中国农业政策研究中心主任、新农村发展研究院院长，"长江学者奖励计划"特聘教授，发展中国家科学院院士。

**赵久然**　北京市农林科学院玉米研究中心主任，二级研究员，中国作物学会副理事长，北京作物学会理事长，玉米育种专家。

**刘录祥**　中国农业科学院作物科学研究所副所长，二级研究员，国家航天育种工程首席科学家，小麦育种专家。

## 主讲报告

# 促进种业发展　保障粮食安全

### 主讲嘉宾：万建民

粮食安全，不仅是关系到国家社会稳定和国民经济发展的政治问题，而且还是一个敏感性的战略问题。保障国家粮食安全，重点是做好藏粮于地、藏粮于技。从落实最严格的耕地保护制度到向科技要单产、要效益，我们要下决心打好种业翻身仗，用现代的农业科技和物质装备来强化粮食安全的支撑。

种业怎样保障国家粮食安全，可以从以下四方面来看。

## 保障粮食安全是国家重大需求

第一，要保障粮食总量。2030年，预计我国人口将达到14.5亿人，粮食需求量达8.5亿吨，肉、蛋、奶需求量分别为12344万吨、4411万吨、4250万吨。粮食产量必须提高15%以上，肉蛋奶产量提高30%~50%才能满足需求。近年来，我国粮食进口持续增加。2017年以来，年进口量超过1.3亿吨，占我国粮食总消费量的18%。特别是最近的中美贸易摩擦对粮食安全带来了新的挑战。比如，我国2020年进口大豆首次超过1亿吨，其中大部分从美国进口，如果有一天美国停止出口大豆给中国，将对我国的粮食安全造成很大威胁。

第二，要提升粮食质量，提高国民营养健康水平。在《2013年世界粮食安全状况》年报中，联合国粮食及农业组织从多元维度提出了粮食安全的概念，分为三个阶段：第一阶段，数量的保障；第二阶段，质量的保障；第三阶段，食物营养与满足消费者多元化需求。所谓粮食安全的数量保障，是我们每一个居民任何时候都能够买到或者获得我们所需要的食物。

我们说有把握解决中国的粮食安全问题，其实我们只解决了第一个数量安全的问题，质量安全还没有完全解决，特别是营养安全，我们与国外比仍然有很大差距。比如隐性饥饿问题，是指吃饭吃饱了，肉蛋奶都足够了，但人体正常发育生长所需要的其他营养并没有完全满足。该问题对整个人类发展和社会劳动能力的发展影响很大。2015 年，世界粮食及农业组织预测全球每年因为隐性饥饿引起的损失达 3.5 万亿美元。据《中国居民营养与慢性病状况报告（2015 年）》，中国 3 亿人口处于隐性饥饿。这几年情况可能有变化，但值得强调的是隐性营养状况不良不单纯限于农村贫困人群，城市也有大量的隐性饥饿人群存在。还有，随着生活水平提高，人们对食物需求发生了新的变化。比如除了追求品质好的大米，还有对特殊功能性大米的需求。糖尿病患者吃的大米应该是升糖指数低的；肾脏病患者吃的大米可吸收的谷蛋白含量应该低于 4%，而一般大米可吸收谷蛋白含量在 6%～8%，育种家需要把谷蛋白含量降低来满足肾脏病患者的需求。因此，我们应该针对特殊人群，培育新的功能性大米，这对种业发展提出了新要求。

第三，保障农业生态安全。我们保障的 18 亿亩耕地中，常年受旱灾的耕地面积超过 7 亿亩，还有部分农田受重金属污染等情况。我们曾经比较过一些数据，比如，中国的耕地面积是美国的 3/4，但化肥使用量却是美国的 2 倍，农药使用量是美国的 4 倍。并不是我们愿意使用这么多化肥和农药，我们要用 18 亿亩耕地养活 14 亿人口，只能通过使用大量化肥和农药来确保粮食产量，这是不得已而为之。中国现有的土地，如果靠有机农业是很难养活 14 亿人口的。大量化肥农药的使用，已经对生态环境产生了一定的破坏，需要引起高度重视。

第四，实现农业高质量发展。加速农业生产的工厂化、机械化、智能化，改变农业的生产方式，以新的产业和新的业态，通过合成生物、绿色品种推广推动农业提质增效。

第五，增强国家农业竞争力。种业对粮食作物生产的贡献率，美国达到 60%，中国平均仅为 45%。因此，种业是确保粮食安全的重要基础。保障粮食安全，种业发展是非常重要的。

## 国际生物种业发展的现状和趋势

全球种业市场发展比较快，2013 年全球农作物种子市值 494 亿美元，到 2020 年达到 852 亿美元，年增长率接近 10%。

第一，跨国种业集团纷纷在全球布局，种业研发全球化。

第二，发达国家形成了完善的科研组织机制，核心竞争力强。国外种业经历了 200 多年的发展历史，政府负责基础性、公益性科研投入，企业进行种业技术产业化，分工明确。知识产权明晰，管理体系健全，形成了成熟的现代种业科技创新体系。国外的种业知识产权可以得到法律保护，在这一点上，目前我们国家仍面临不少问题。

第三，全球生物种业市场进入少数寡头竞争阶段。动物种业，牛被美国 ABS 奶牛育种服务公司、加拿大亚达遗传公司等 5 个跨国公司垄断；猪被 PIC 种猪改良国际集团、美国华特希尔育种公司等 5 个跨国公司垄断。花卉育种，主要集中在美国、荷兰、法国、德国、日本等国家。农作物方面，拜耳公司、科迪华公司、先正达公司、利马格兰公司、KWS 种业公司等世界上最大的 20 家跨国种业公司几乎控制了全球的农作物种子。跨国种业企业已成为全球种业资金投入、技术创新和市场收益的主体。比如德国拜耳公司收购美国孟山都公司之前，尽管孟山都公司每年研发投入的绝对值超过 10 亿美元，但它也是转基因作物研发最大的受益者。拜耳公司于 2017 年收购孟山都公司股份，双方承诺前 6 年要投入 160 亿美元用于种子研发，平均每年约 27 亿美元。我国农业领域里，转基因生物培育重大专项的预算是 15 年共计投入 130 亿元人民币，这是全国参与该专项的所有科研院所和企业的研发费用。相比之下，与国外差距较大。

第四，跨国公司构建高通量、大规模、精准高效的种业创新平台，开展全产业链科技创新，成为种业高效运转的重要保障。跨国公司不仅仅是销售种子，而是从基础研发到客户维护和服务，形成一条龙的企业创新链条。另外，通过知识产权和标准，抢占全球创新高地，使其他企业难以与之竞争。

第五，通过科技创新引领国际种业发展。生物技术与大数据和人工智能技术深度交叉融合，驱动转基因、基因编辑、全基因组选择、合成生物等前沿技术快速发展，加速农业生物技术升级换代，推动智能化、精准化、工厂化产业革命。比如转基因技术日趋完善，2018 年全球转基因作物市值 172 亿美元，占全球商业种子市场的 30%。1996 年以来，全球累计种植转基因作物 25 亿公顷（1 公顷 =0.01 平方千米），一年种植的转基因农作物的面积已经远远超过了我们整个国土的耕地面积。现在，基因编辑技术实现了精准化操作，全基因组选择技术推进种业的高效化；合成生物技术颠覆了传统生产方式，比如用人工方式合成淀粉和蛋白质；人工智能设计技术驱动前沿生物技术升级，推动农业生产方式全新改变。农业生产会向着无人化发展，人工智能将带来农业产业生产方式的变革。

## 中国生物种业发展现状与挑战

第一，种业支撑国家粮食安全。近 20 年我国粮食变化趋势如图 1 所示。2020 年，我国粮食生产实现历史性的 17 连丰，产量连续 6 年保

持在 6.5 亿吨以上。我国水稻平均单产 474 千克，是世界平均水平的
1.71 倍。但美国水稻单产接近 580 千克，比我们高出 100 多千克。我国
小麦平均单产 355 千克，高于世界平均水平。长期以来，我国小麦育种
主要以高产优质的馒头和面条用小麦品种为主，用作面包的小麦育种与
国外相比还有差距。我国玉米、大豆单产都不到美国的 60%。中国是大
豆的故乡，有丰富的种质资源，但大豆育种的科研力量目前看仍比较薄
弱。微生物、食用菌我国占全球 70% 的生产量，但我们的种源几乎依
赖日本进口。我国每年生产的发酵生物产品也是世界第一位的，产值超
过 3000 亿元，但技术主要依赖于国外。

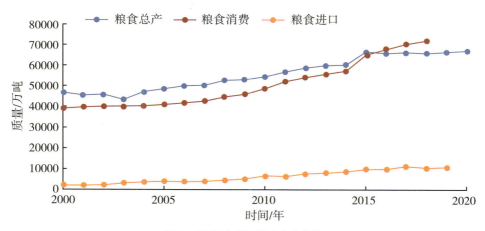

图1　近20年我国粮食变化趋势

第二，种业市场潜力巨大。1999—2018 年，我国农作物种业市值
从 330 亿元增加到 1200 亿元，是世界第二大种子市场。但是，我们有
5000 ~ 6000 家种业企业瓜分这个市场。种业企业前 50 强加在一起所占
的份额只有 4%。种业总体情况是：农作物种业情形总体较好，自主选
育品种占市场总体份额的 95%。蔬菜整体种源 87% 以上靠自主，但高
端蔬菜种子严重依赖进口。畜禽种业情形不容乐观，部分优良品种核

心种源依赖进口，全部白羽肉鸡祖代、大部分优质种牛精液和胚胎从国外引进。

第三，种业安全挑战前所未有。全球动植物种业巨头均以直接投资、技术许可、产品出售等方式进入中国市场。植物方面，跨国公司纷纷进军我国玉米、蔬菜等种业市场，因为这是国家允许跨国公司进入的领域。如果我们允许跨国公司进入到水稻和小麦种业市场，他们很快就会以技术优势和资金优势对我国的民族种业形成强大的冲击。动物方面，中美贸易摩擦对我国种业产生多方面的影响。根据 2017 年中国海关统计数据，祖代和曾祖代种猪进口量中 47% 来自美国，奶牛 35% 的优良冻精来自美国，白羽肉鸡品种 100% 为美国品种，凡纳滨对虾高端养殖品种 80% 来自国外。

第四，种业企业育种创新能力亟待提升。我国 5000 多家农作物种业企业中，育繁推一体化的企业不足百家。种业企业中 95% 以上是销售种子的，多数没有育种能力。企业研发投入不足，2016 年，我国农作物种业企业整体投入约 40 亿元人民币，其中前 50 强合计投入 13 亿元人民币，而美国孟山都公司同期投入 15.8 亿美元，相比之下差距是巨大的。

第五，种业科技创新体系尚未完善。没有形成种质资源、育种技术、品种选育、种子繁育、生产加工、销售一体化的企业。特别是种质资源，大部分公司没有从资源的角度入手。种质资源的交换、引进，怎样让别人愿意把种质资源提供给我们，是我们今后必须研究的重大课题。

## 我国生物种业科技发展现状与挑战

第一，常规育种对我国作物生产作出很大贡献。中华人民共和国成立以来，作物遗传育种技术不断发展，育成新品种 40000 余个，实现 5～6 次新品种大规模更新换代，良种覆盖率达到 96%，良种对作物单产贡献率超过 45% 以上，有效支撑了粮食产量与质量稳步增长。以水稻为例，20 世纪 60 年代，中国水稻单产第一次提升是采用矮秆基因，使水稻抗倒伏能力增强，单产大幅度提升。此外，以袁隆平院士为代表的科学家们，利用细胞质雄性不育基因（CMS 基因）培育杂交稻，使得水稻单产大幅提升。近年来，作物育种在产量、品质和抗性改良方面取得一系列进展，但突破性新品种培育进入平台期，进一步提高单产难度加大，急需寻找新的增产技术途径。

第二，我国农业生物技术发展迅速。我国农业生物技术经历了三个发展时期：1986—2000 年，追踪世界科技前沿阶段；2001—2007 年，处于自主创新阶段；2008 年开始，进入快速发展阶段。2008 年，实施"转基因生物新品种培育"重大专项，已建成较完善的全产业链的转基因育种创新体系，关键技术创新、产品研发和安全保障能力得到显著提升，"自主基因、自主技术、自主品种"的研发能力显著增强。

农业生物技术是推进育种发展重要的技术体系。过去，人们认为育种是实验科学，需要每天都下地，完全依靠经验选育品种。现在，生物技术改变了这种现状，定向选择式科学育种成为我们的选择。转基因就是其中重要的一项技术。把一个生物体中的基因提取出来，通过转化的方法转到另外一个生命体，获得新的性状，我们称之为转基因。比如把微生物抗虫基因导入玉米、棉花里面，使玉米、棉花有抗虫特性，这就是转基因。转基因育种要经过从基因克隆、转化、转化体的筛选、品系的筛选到转基因品种选育，再到产业化的过程。转基因技术的主要特点是可以打破物种界限，实现不同物种基因的交换使用。转基因技术可克服常规育种中出现的生殖隔离、不亲和性等障碍，实现超远缘育种。目前胰岛素、人血清蛋白等产品在植物中的生产也已实现。

通过实施转基因专项，我们获得了一批重要的产品，比如抗虫水稻。抗虫水稻不仅产量高、抗虫，而且品质也比较好，已经获得美国上市许可。比如高抗性淀粉转基因水稻。这种水稻的淀粉因在人体内难以消化而被直接排泄，可有效预防和控制糖尿病。还有转人血清白蛋白水稻生产的人血清白蛋白，已经在美国进入临床三期实验，在中国也已进入临床二期实验。再比如，抗虫耐除草剂的玉米对草地贪夜蛾的抗性超过 95%，可以比较好地预防草地贪夜蛾。还有，耐除草剂大豆、抗旱转基因大豆、抗旱转基因小麦及抗病转基因猪、人乳铁蛋白转基因奶牛等产品。

2010 年以来，中国农作物生物技术领域发文量渐渐超过了美国，但是论文质量排在美国之后，居全球第二。2015 年以来，中国畜禽领域发文量超过美国，但是高质量论文位于美国和英国之后。从 2012 年开始，专利排全球第四位，以往是第七位。现在，在整个生物技术育种研究方面，我们已经仅次于美国，但我们的原创能力仍然较低。

第三，我国生物种业科技面临的挑战。中国种质资源保有量位居世界第二，其中国内资源占 80%，国外资源占 20%。但是，我们不是基因资源的强国。为什么说要变成基因资源的强国？种质资源，如水稻、小麦、玉米、大豆资源是全人类的财富，但从种质资源中把抗病、抗虫、优质相关的基因分离出来，这种所谓基因资源是受知识产权保护的。种质资源变成基因资源必须经过精准鉴定，我国种质资源得到精准鉴定的不足 10%，资源利用率更低，品种相似度大，近亲繁殖，资源利用方面有差距。

在基础研究方面，与国外还有很大的差距。关键核心技术原创不足。基因编辑工具、全基因组选择模型、合成生物元件、人工智能算法等关键核心技术原创不足，重大装备和大数据系统缺乏，前沿技术交叉融合不足。我们是生物技术研发大国，但不是核心技术的策源地。我们没有掌握基因编辑技术原始专利。生物大数据育种应用欠缺，我们的育种基本上处于传统的小规模育种，通常是一个育种家带着五六个助手、几十个学生，这样的育种模式小而散，不可能用大数据的方法进行研究，因此我们需要大型的公司、大型的研发平台。

我们在重大品种培育能力方面仍然需要进一步提升。以玉米为例（图2），1995年，美国玉米亩产高出中国147千克；2018年，亩产高出384千克，差距是扩大了，而没有缩小。大豆也是类似（图3），1995年，美国大豆亩产比中国高47千克，到2018年亩产比中国高出112千克。说明什么？说明生物技术育种在中国玉米、大豆中并没有得到充分利用，而美国转基因玉米、转基因大豆已经全面产业化，占比都是95%以上。我们采用的是传统育种方法，进步比较慢。

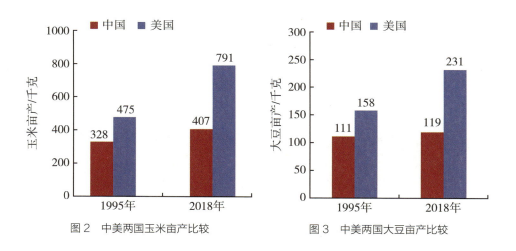

图2　中美两国玉米亩产比较　　　　图3　中美两国大豆亩产比较

生物育种创新体系有待进一步完善。就科研单位而言，中央单位和地方单位在分工上没有本质不同。在承担国家重大任务时，中央科研单位可能有一点优势，但竞争课题时中央单位和地方单位仍处于同一个起跑线，我们缺少一个比较完善的科学的顶层设计。另外，商业化育种机制没有形成，小而散，效率比较低，科技创新环境仍然是产学研结合不紧密，企业对育种投入不足。当知识产权没有得到有效保护时，企业是不愿意投入的。现在，生物育种已经进入 4.0 时代。什么叫 4.0 时代？1.0 时代是农民选择，2.0 时代是表型选择，3.0 时代是分子育种，4.0 时代是智能设计育种。国外公司大部分处于 3.0 向 4.0 转化阶段，我们现在仍然处于 2.0 时代，部分进入 3.0 时代，差距还是比较明显的，希望能够尽快进入智能设计育种时代。

因此，我们提出以下建议：第一，布局国家支持类型的项目，政府要引导投入进行种业科研攻关。构建现代种业科技创新体系，形成覆盖上游、中游、下游的举国体制。第二，希望能够建设一个生物育种国家实验室，作为一个大的、交叉融合的平台。这里一定要发挥企业的作用，我个人认为中国现在需要类似孟山都公司和拜耳公司这样的大型种业企业，使其成为技术创新的主体。第三，构建全球化的现代生物种业发展体系，要开展合作，要构建知识产权运营平台，加大多元化资金投入。目前，中国的种业研发经费基本上靠中央财政和地方财政，企业的比较少，我们希望社会资本能够进来，有情怀的企业能够进来。第四，必须加大知识产权保护，让企业的投入有回报。

## 互动环节

**问题一：我国在 2000 年已经发布了《中华人民共和国种子法》，但是种业发展一直不乐观，背后的原因到底有哪些？如果不打好种业翻身仗会面临怎样的后果？**

**答：** 对于种业发展，我们国家出台过一系列政策，包括 2011 年出台的《国务院关于加快推进现代农作物种业发展的意见》（国发〔2011〕8 号）。但是实施效果如何呢？2010 年，我国种子企业有 8700 多家，8 号文件实施以后种业门槛提高了，减少为 4200 多家，但是最近几年企业数量又开始恢复了，2019 年超过了 5500 家。这不是做大做强，现在感觉是做多做小了。为什么种子公司会越做越小，我想有三方面的原因。

第一，体制机制的问题。政府职能与市场职能没有很好地分开，政府应该把更多的经费花在基础研究和应用基础研究上，企业可以做下游的工作。如果没有分清上述职能，政府部门承包所有上游到下游的工作，企业就缺少投入的积极性。

第二，知识产权问题。比如，我们培育出一个很好的品种，小公司只要在其基础上稍微修改一下就可以生产出派生品系，而这里面没有创新。一个好的品种经过这个过程会变成几十个，甚至几百个品种。2001—2005 年，这 5 年内平均每年玉米品种增加 250 个，"十一五"期间每年平均增加 740 个品种。"十二五"期间品种数由 740 个下降到 422 个。"十三五"期间平均一年玉米品种有多少个？接近 1500 个，其中有不少是套牌品种，涉及知识产权保护的问题。如果知识产权得不到有效保护，谁还有积极性投入做研究？这些问题严重影响了企业创新的动力。

第三，我国具有非常丰富的种质资源，但性状鉴定不够深入，优异基因资源尚有待发掘。

如果以上三方面做好了，我国种业就能够发展强大。反之，如果打不好种业翻身仗，可能主要有两方面的后果：第一，粮食大量依赖进口，严重威胁国家粮食安全。第二，生物育种技术依赖国外，"卡脖子"问题进一步凸显。因此，未来不管是减少农产品进口，还是减少技术进口，我们都要开展种业科技创新，这里特别强调要生物育种创新。

## 问题二：要想让种业企业强起来，承担起技术创新主体作用，国家应该采用什么样的政策来鼓励和支持？

**观点一：** 第一，种业要进行体制机制改革，一定要建立产学研真正的上、中、下游紧密结合，且以企业为主体的种业创新体系。这里要做什么？科研机构要加大基础研究和应用基础研究，为企业创新提供基础。此外，必须要建立很好的技术转让市场，保障企业把技术转让出去也不亏本，推进企业做产业化，促使产学研紧密结合。

第二，必须要保护好知识产权。不保护知识产权，企业不会投资，或者说只会投少量资金，通过购买其他国家的品种修改一下再注册，这样企业会越做越小。因此，一定要出台新的法律，确保种业知识产权，同时加大处罚侵权力度。

第三，我们除了要加强种质资源保护，还要加大种质资源的精准鉴定，要把种质资源蕴含的优异基因资源发掘出来，让更多育种家能够使用。如果每个育种家都要自己重复去鉴定，看这个材料有什么优异基因，那个材料有什么优异基因，就不可能进行大规模的育种技术创新和新品种培育。

**观点二：** 应该适度鼓励国外的种业企业，特别是国际跨国公司进入中国市场，让国内种业企业同台竞技、与狼共舞，在竞争中锻炼、提升自己的能力。这些国外公司有很多方面的优势，在育种技术方法、管理模式等方面，咱们可以就近学习，过去很多领域都是通过引进先进企业来提升的。同时，应鼓励更多企业走出去，比如中国化工集团收购瑞士农业化学和种子公司先正达。

**问题三：大豆原产自中国，目前大豆很多领域的知识产权专利被美国公司注册了。2000 年，有媒体报道中国农民种中国大豆还要侵美国"权"，给我们带来怎样的启示？**

**观点一：** 当时，孟山都公司在全球 101 个国家，包括中国，注册高产大豆的培育、栽培与检测等一系列专利，引起了轰动。在孟山都公司申请的专利中，起决定性作用的是使用了来自中国的野生大豆。中国学者强烈质疑，来自中国的野生大豆不是通过合法途径获得，美国怎么可以申请专利。另外，中国没有批准高产大豆的专利，农民怎么侵犯专利权？但是，根据世界贸易组织有关知识产权方面的协议，即便在本地生产也将遇到专利权的约束。所以，这个问题引发了我们去做更多的思考。

我们做种质资源创新，必须从原始创新入手。我国有 52 万份作物种质资源，但我们基因资源的专利非常少，核心基因专利更少。多年来，我们对生物技术投入不少，但发掘技术不行，精准鉴定技术不行，导致我们在基因鉴定方面不行。未来生物种业发展，特别是原始创新基因专利发掘、利用、保护这一块是非常重要的。

**观点二：**对知识产权不重视，不立法保护，种质资源就可能会被外国公司控制。国际上对种质资源本身是不保护的，要保护就必须把种质资源蕴含的关键基因克隆，申请专利后才受保护。有非常好的种质资源，放在那儿是不行的，没准就会被偷去，我们也无法保证库里面的种质资源不被外国偷走。重要的问题是，现在必须立即行动对基因资源进行挖掘、保护和利用。

**问题四：对于转基因，互联网上讨论得非常多，公众经常质疑它的安全性，我们应该如何看待并发展这项技术？**

**观点一：**生物技术的发展，转基因只是其中之一，还有全基因组选择、基因编辑等更多生物育种的方法，这些方法经过了科学的验证，特别是农作物育种，经过几十年的发展证明是安全的，从科学上讲是没有问题的，这从实践中也可以看出来。美国粮食产量 5 亿吨，其中 70%～80% 都是转基因粮食，玉米、大豆、油菜是大头。有人说美国生产的转基因粮食主要是给别人吃的，可是他会把这 70%～80% 的粮食发给别人，然后再去买粮食吗？美国每年的粮食进口量大家可以查到。所以说，生物技术在发达国家已经广泛应用，我们国家技术的研发、储备也是非常有保障的。生物技术应用是个大趋势，就安全性和科学性而言，是没有问题的。我们国家在政策制定时，必须紧跟国际大趋势，不能停留在争论安全还是不安全上。

**观点二**：不是所有的转基因产品都是安全的，这需要经过科学证明。第一，看它是转什么样的基因？第二，用什么方法转化的？第三，转化的产品有没有经过严格的生物安全、环境安全、生物多样性安全检测，如果这三个安全性检测得到了公认，它就是安全的。目前，中国市场上转基因产品可以进入食品目录类的有木瓜、棉花籽油、大豆油、油菜籽油、转基因玉米。其中，木瓜和转基因棉花籽油是中国自己生产的，大豆、油菜籽、转基因玉米是从国外进口的。

我国转基因重大专项在食品安全上做了很多事情。国际上通用做法是采用小白鼠进行饲喂试验，判断它的安全性。这跟药品的检测流程是一样的，高剂量喂饲小白鼠，然后测定各种生理指标，通过一套国际公认的方法判断其安全性。但是公众还会质疑，转基因重大专项又进一步用猿猴做了试验，我们委托军事医学科学院和中国医学科学院两个单位做转基因玉米和转基因水稻，猿猴饲喂饲饮，目前已经进入第三代。军事医学科学院和中国医学科学院都出具了最终的结论：测试的转基因产品是安全的。

为什么转基因产品是安全的？比如，针对转基因抗虫水稻和抗虫玉米，大家主要担心的是，虫子吃了能死，人吃了会不会死？其实，大家都有这样的常识，A 和 B 两种物品，当二者结合在一起时才会产生毒性，但如果 A 和 B 永远碰不到一起，它们单独是没有毒性的。抗虫水稻和抗虫玉米转入的是苏云金杆菌（Bt）杀虫蛋白基因，Bt 蛋白也被称为毒蛋白，该蛋白必须有受体才具有毒性。鳞翅目昆虫里有这个受体，所以鳞翅目昆虫一旦吃了这个蛋白，就会跟体内的受体结合导致胃穿孔，进而死亡。但鳞翅目昆虫以外的所有已知生物都缺少这个受体，所以说这种转基因产品是安全的。

那么，既然我们吃了是安全的，我们的子子孙孙吃了也会安全吗？食用转基因产品，会不会遗传给后代？其实，转基因产品只不过作为营养被人体吸收，其他剩余的代谢物会被排泄掉。只要没有引起食物中毒，就不会引起基因方面的安全性问题。大家试想，如果食物中的基因成分能够整合到人类基因组中，我们吃了几千年的畜禽，为什么人类没有表现出相应的任何特征呢？显而易见，互联网上的这些质疑是缺少科学依据的。

# 疫苗、疾控与人类健康

## 导读

2020 年，新冠肺炎疫情席卷全球，各国付出了惨痛的代价。其实新冠肺炎并非是第一次全球大流行病，在人类历史上，曾经有数次大的传染病流行都造成了惨痛的灾难，其中天花和鼠疫，就曾导致数亿人死亡。自从有了传染病，人类与传染病的斗争就没有停止过，人类生存史也是与传染病的斗争史。在这个过程中，人类发现了疫苗，疫苗成为人类预防传染病的重要手段。

新冠疫情发生以后，疫苗也成为全世界最热切的期盼。2020 年 12 月 30 日，中国首个疫苗附条件上市，此后有 3 条技术路线共 5 款疫苗获批附条件上市或是获准紧急使用，成为疫情防控的利器。中国为 100 多个国家和国际组织提供了疫苗援助。那么，中国的新冠疫苗是如何诞生的？在抗击新冠肺炎疫情中，我们有哪些经验与启示，可为未来应对新发传染病提供帮助和借鉴？

## 主讲嘉宾

**李兰娟**

中国工程院院士，浙江大学医学部教授、主任医师，传染病诊治国家重点实验室主任，国家卫健委高级别专家组成员。长期从事传染病临床与科研工作。

## 互动嘉宾

**曾 光** 国家卫生健康委高级别专家组成员，中国疾病预防控制中心流行病学前首席科学家。

**郑忠伟** 国家卫生健康委医药卫生科技发展研究中心主任，研究员。

# 主讲报告

## 重大传染病与人类健康

### 主讲嘉宾：李兰娟

由病毒、细菌等病原体所致的疾病称为感染性疾病，其中有传播性的感染病称为传染病。历史上曾有多次传染病暴发流行，造成大批人口死亡（图 1）。公元前 430 年雅典大瘟疫，造成近 1/4 居民死亡。2 世纪安东尼瘟疫，造成罗马本土 1/3 人口死亡。541 年第一次鼠疫造成 1/4 东罗马帝国人口死亡。14 世纪欧洲黑死病造成欧洲 1/3 人口死亡。15 世纪天花导致全球 5 亿人死亡。16—17 世纪黄热病肆虐，19 世纪霍乱 7 次大流行，20 世纪西班牙流感等都造成大批人口死亡。进入 21 世纪，尽管医学快速发展，但 SARS 病毒、禽流感病毒、埃博拉病毒、2019 新型冠状病毒（简称"新冠病毒"）等，都给人类健康带来了严重危害。

| |
|---|
| 公元前430年→雅典大瘟疫→近1/4居民死亡 |
| 2世纪→安东尼瘟疫→罗马本土1/3人口死亡 |
| 541年→第一次鼠疫→1/4的东罗马帝国人口死亡 |
| 14世纪→欧洲黑死病→欧洲1/3人口死亡 |
| 15世纪→天花→印第安人口从3000万人降到100万人→全球死亡5亿人 |
| 16和17世纪→黄热病→肆虐两个世纪→唯一强制免疫的疾病 |
| 19世纪→霍乱7次大流行→死亡近5000万人 |
| 20世纪→西班牙流感等→人类的噩梦→死亡近5000万人 |

21世纪：SARS病毒、禽流感病毒、埃博拉病毒、新冠病毒……

图 1  传染病严重危害人类健康

# 人类的生存史就是与传染病斗争的历史

中华人民共和国成立时，传染病严重危害着国民经济和人民生命健康，比较严重的传染病是霍乱、天花、血吸虫病等。经过努力，霍乱、天花、血吸虫病等疾病在我国已经基本被消灭。如 1980 年世界卫生组织宣布在世界范围内消灭天花，而我国从 1961 年开始便实现了天花病例 0 报告。

在传染病防治中，疫苗发挥了重要作用。像麻疹、天花、脊髓灰质炎等，都是通过疫苗获得防治的。20 世纪五六十年代，我国脊髓灰质炎每年发病数在 2 万~ 4 万例，但从 2000 年开始，世界卫生组织宣布我国实现"无脊髓灰质炎区"目标。

从"十一五"到"十三五"期间，我国针对艾滋病、病毒性肝炎和结核病 3 种传染病，设立了国家科技重大专项进行防治。

近年来，我国在艾滋病防治上取得了显著进展：艾滋病经输血传播基本阻断，注射吸毒感染和母婴传播感染得到了有效控制，全国处于低流行水平。但是，目前预防干预仍存在很大难度，艾滋病疫苗、可治愈药物等重大防治关键技术尚未取得突破，艾滋病防治仍面临诸多挑战。

病毒性肝炎与肝硬化、肝癌有着直接关系，现在通过疫苗防治等手段情况有明显好转，病毒性肝炎已经从高流行区向中低流行区发展。对于乙型肝炎检测全阴性（即无乙型肝炎病毒感染）的人群，无抗乙型肝炎病毒保护性抗体的人群通过乙型肝炎疫苗接种可以防止被感染。从 1992 年 1 月 1 日起，原国家卫生部就在全国推行乙型肝炎疫苗接种工作，实现新生儿乙型肝炎疫苗接种全面覆盖。经过疫苗接种，我国乙型肝炎人均感染率大幅下降，如已感染乙型肝炎病毒，现在也有较好的抗病毒药物可以治疗。通过努力，我们有望在 2030 年消除病毒性肝炎。

结核病是一种呼吸道传染病，结核病检测和治疗技术还有待提高。

对于世界卫生组织提出的到 2030 年结束结核病流行，还是任重道远。

　　传染病除直接传播，还会以生物恐怖主义和生物安全的方式影响我们，对此也不能忽视。第一次世界大战中，德国将在罗马尼亚感染炭疽和鼻疽的羊出口到了俄国，意图使俄国牛羊死亡；1940—1941 年，日本先后对中国采用鼠疫、霍乱、伤寒和副伤寒生物袭击，造成疫病流行；2001 年 9 月，美国发生炭疽邮件生物恐怖袭击事件，导致 5 人死亡，10 余人被感染。由于传染病具有传染性强、传播速度快、传播范围广等特点，现代生物技术的发展使得病原都有可能作为生物武器，从而威胁生物安全，对此我们需要加强防范。

## 21 世纪以来的重大传染病

　　进入 21 世纪以来，我国也经历了几次重大传染病，包括 SARS、人感染 H7N9 型禽流感、新冠肺炎等。2003 年暴发的 SARS 疫情，全球累计病例 8439 例，涉及 32 个国家和地区，死亡人数 812 人，病死率 11%。2013 年，长三角地区出现不明原因肺炎引起的呼吸衰竭，病死率很高。我们团队 5 天内确认全新的 H7N9 新病原，同时发现活禽市场是 H7N9 型禽流感源头，建议及时关闭活禽市场，使新发感染率大幅度下降，有效防止了疫情向全国快速蔓延（图 2）。

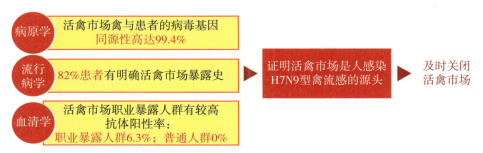

图 2　及时明确传染源，关闭活禽市场，遏制了全国疫情的大暴发

在临床救治方面，我们提出了"四抗二平衡"的救治策略（图 3），即抗病毒、抗休克、抗低氧血症和抗继发感染，维持水电解质平衡，维持微生态平衡；还创造性地将李氏人工肝用于重症 H7N9 型禽流感患者救治，有效清除了"细胞因子风暴"。这些救治策略显著降低病死率，从而突破了 H7N9 型禽流感高病死率的难点。

| "四抗" | "二平衡" |
| --- | --- |
| 抗病毒：及时消除病原体<br>抗休克：维持全身脏器的有效灌注<br>抗低氧血症：维持生命体征<br>抗继发感染：控制继发感染 | 维持水电解质平衡：维持内环境稳定<br>维持微生态平衡：减少细菌移位 |

图 3 "四抗二平衡"救治策略

为做好 H7N9 型禽流感的防治，我们联合香港大学通过反向遗传学技术成功研制我国首个 H7N9 流感疫苗种子株（图 4），打破我国流感疫苗株必须依赖国外提供的历史，填补了我国流感疫苗种子株研发空白。"以防控人感染 H7N9 禽流感为代表的新发传染病防治体系重大创新和技术突破"项目获 2017 年度国家科技进步奖特等奖。

2020 年，新冠肺炎疫情突如其来，是近百年来人类遭遇的影响范围最广的全球性大流行病，也是中华人民共和国成立以来遭遇的传播速度最快、感染范围最广、防控难度最大的突发公共卫生事件。习近平总书记亲自指挥、亲自部署，统揽全局、果断决策，为中国人民抗击疫情坚定了信心、凝聚了力量、指明了方向。中国第一时间向世界卫生组织分享了新冠病毒基因序列，这对疫情防控起到非常重要的作用。国家依法将新冠肺炎纳入乙类传染病、采取甲类措施严格管理。确立了"四早"防控策略，早发现，早诊断，早隔离，早治疗，控制疫情向全国蔓

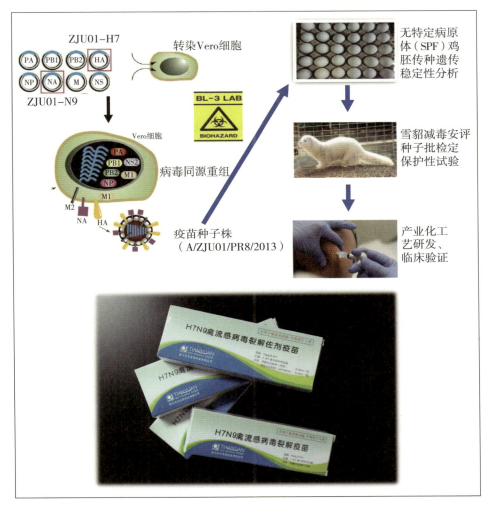

图 4　建立了反向遗传学技术成功研制我国首个 H7N9 流感疫苗种子株

延。把控制传染源、切断传播途径作为关键着力点，应收尽收、应治尽治，建立完善救治体系，提升救治能力，大大降低病死率。经过艰苦卓绝的努力，中国用一个多月的时间初步遏制了疫情蔓延势头，用 2 个月左右的时间将本土每日新增病例控制在个位数以内，用 3 个月左右的时间取得了武汉保卫战、湖北保卫战的决定性成果，疫情防控阻击战取得重大战略成果，维护了人民生命安全和身体健康，为维护地区和世界公共卫生安全作出了重要贡献。

# 如何防治新发传染病

从 SARS 到 H7N9 型禽流感再到新冠肺炎，我国在传染病防控方面积累了丰富的经验。新冠肺炎疫情为中国传染病防治提供了五方面的经验借鉴。第一，健全疫情防控体系，坚决遏制疫情蔓延。第二，建立完善救治体系，提升救治能力，降低病死率。第三，加快科技研发，打赢科技抗疫攻坚战。第四，运用大数据、人工智能，支撑疫情防控。第五，加强常态化疫情防控，促进经济社会协调发展。这些经验借鉴都为新发传染病防治提供了重要帮助。

在传染病防治中，需要做好三方面工作。第一，管理传染源是控制传染病蔓延、预防传染病发生的基础，对感染者个体的治疗和未感染群体的预防均很重要。第二，对于各种传染病，切断传播途径通常是起主导作用的预防措施，主要措施包括隔离和消毒等。第三，开展临床救治，保护易感人群，这是预防和控制传染病的根本。保护易感人群，最重要的是疫苗，它是传染病防治的重要措施。因此需要加大疫苗宣传力度，提高疫苗供给和接种速度，快速建立免疫屏障。

习近平总书记指出："科学技术是人类同疾病斗争的锐利武器，人类战胜大灾大疫离不开科学发展和技术创新。"我们需要加强与基础理论研究的结合，发展医学科技创新前沿学科，让科技创新为未来传染病防治提供有力支撑。疫苗研发、药物研发、诊断治疗等，都需要通过科技创新的应用来获得。大数据等智能化感染性疾病防治技术（图 5），未来将会引领传染病防控。同时，加强传染病学科人才队伍建设，通过加强培训和提高传染病识别和救治能力等手段，以应对未来可能发生的

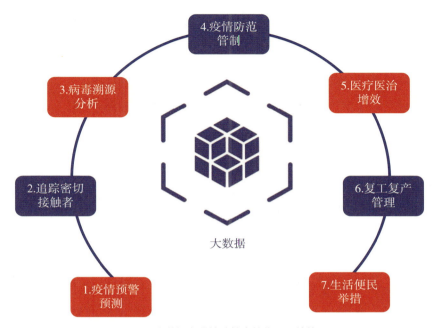

图5　大数据在疫情防控中的作用和价值

各种传染病。另外，医院感染科跟疾控系统要进行有效沟通，建立起一体化的防控体系，才能有效防治新发传染病。

总之，对于预防和控制传染病来说，控制传染源、切断传播途径、保护易感人群，这三方面永远是根本。过往研究和经验皆是基础，我们仍需要做好平战结合、预防和应急结合、科研和救治防控结合，通过完善平战结合的疫病防控和公共安全科研攻关体系，以应对未来可能发生的新传染性疾病，从而更好地为国家服务，为人民造福。

## 互动环节

**问题一：对于不同的疫苗，我们应该如何选择与评价？**

**观点一：**对于疫苗，最核心需要关注的是两个关键指标：安全性和有效性。一款疫苗经过国家药监局批准上市，不管是附条件上市，还是紧急使用上市，都说明该疫苗是具备安全性和有效性的。不过，疫苗由于防治原理不同，副反应会有差异，包括每个个体也会不同。比如灭活疫苗，接种后它不会在人体内繁殖，副反应相对弱一点。病毒载体疫苗用的是活病毒，接种后活病毒会在人体里面繁殖，感染一次才能实现保护，就会有低烧等亚临床症状。

**观点二：**任何一款疫苗都不可能实现 100% 的保护率，只是感染风险会大幅下降，如果认为接种疫苗就不会感染了，那是个误区。接种疫苗后如果让每一个个体不发生重症，不发生死亡，有点相当于患了一次感冒，从这个意义上讲，我觉得疫苗就起到作用了。

**观点三：**接种疫苗以后，并不是抗体越高越好，因为人体免疫系统非常精准，抗体高到一定水平能够起到防护作用就可以。另外，人体也有免疫记忆，即使现在测到的抗体数量很低，但是当病毒侵入的时候，接种过疫苗的人体就会有反应，可能会有 3 种结果：一是不发病，二是不传染，三是即使发病也是轻症或者不死亡。

对于疫苗，不同阶段评估不同，数据也会不一样。我觉得接种疫苗后，能对人体免疫系统有一个刺激，刺激以后使人体免疫系统能够再次认知病毒，这样就算是达到效果了。

## 问题二：我们的口罩还需要戴多久？

答：在传染病防治中，戴口罩是切断传播途径和保护易感人群的重要举措。戴口罩不仅能在新冠疫情中发挥重要作用，而且对于流感预防也有效。别看只是一个小小的口罩，戴口罩不仅是保护自己，也是保护别人。当然，戴口罩也可因地制宜。如果在一些空旷的地方，可以不戴口罩，但在公共场所，人员密集的地方就需要戴口罩。坚持做好防护还是非常必要的。

# 高能量密度科学与大科学工程

## 导读

　　1905 年，爱因斯坦提出狭义相对论原理，推导出质能方程 $E=mc^2$。后来，人类通过原子弹和氢弹的发明实现了核裂变与核聚变，将质能进行了转化。20 世纪 60 年代，美国、苏联、中国的科学家分别独立提出了激光引发核聚变的思想，简单来说就是依靠惯性来约束核燃料产生聚变，即利用大能量激光照射在氘氚燃料靶上产生高温高密度等离子体，在燃料还来不及飞散的情况下将燃料向内压缩加热到极高温度，使其发生聚变反应。这种方式被称为惯性约束聚变（目前主要是采用激光驱动方式，简称为激光聚变），用于开展高能量密度科学研究。激光聚变是当今最接近氢弹爆炸的真实物理过程，它不仅能在全面禁止核试验后在实验室对核武库进行评估认证，还可以探索发展人类未来的理想能源。同时，它也是进行实验室天体物理等前沿基础科学研究的重要手段，各核大国无一例外地投入大量精力深耕于此，取得了重要进展。

## 主讲嘉宾

### 张维岩

　　中国科学院院士，中国工程物理研究院原副院长，现为某重大专项总设计师。长期从事激光驱动惯性约束聚变大科学研究，是我国激光聚变主要领导人之一。

## 互动嘉宾

**李儒新**　中国科学院院士，中国科学院上海高等研究院院长，上海科技大学党委书记、副校长。主要从事超高峰值功率超短脉冲激光与强场激光物理研究。

**鲁　巍**　清华大学工程物理系教授，"长江学者奖励计划"特聘教授，国家杰出青年科学基金获得者。

**乔　宾**　北京大学教授，北京大学科研部副部长，国家杰出青年科学基金获得者。

**主讲报告**

# 高能量密度科学与大科学工程

### 主讲嘉宾：张维岩

地球上的物质大多以固、液、气三相存在。但是，在宇宙中绝大多数物质均处于物质第四态，即等离子体状态。恒星内部不断发生核聚变，其物质都处于高能量密度等离子体状态（图1）。一直以来，科学家希望在实验室里创造高能量密度环境来探索宇宙奥秘，由此产生了高能量密度科学。科学家经过长时间探索后，发现采用激光聚变是进行高能量密度科学研究的重要实验方式。这类最早起源于恒星观测的研究，已延伸用于国防科技与能源探索研究，成为高能量密度科学研究的热点领域。

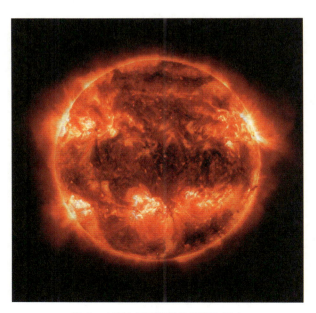

图1　太阳内部不断发生核聚变反应

# 核聚变与高能量密度科学

高能量密度科学是指研究能量密度高于 10 万焦耳每立方厘米或压强高于 100 万大气压条件下物质结构与特性及其发展规律的学科。高能量密度科学始于 20 世纪初对恒星结构的观测，兴于 20 世纪 40 年代开始的核武器研制的牵引。20 世纪 80 年代开始，在军事需求牵引下，高能量密度科学得到快速发展。

可控核聚变是开展高能量密度科学研究的主要方式，目前主要有两种途径。

一是磁约束聚变。它是利用强磁场对带电粒子的作用力来约束高温等离子体（图 2）。通俗来说，就是用强磁场打造一个磁笼子，把上亿摄氏度的高温等离子体约束起来悬浮在一个真空室内，实现核聚变反应。中国科学院合肥物质科学研究院和西南物理研究院等单位建造的托卡马克装置就可以用来实现磁约束核聚变。［编者注：2021 年 12 月，中国独立自主设计的全超导托卡马克核聚变实验装置（EAST）运行，

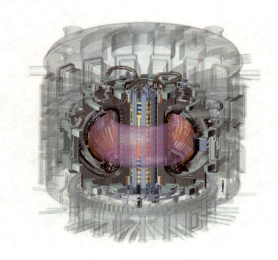

图 2　磁约束聚变示意图

创造了最高温度 1.2 亿摄氏度燃烧 1056 秒的世界新纪录。]

二是惯性约束聚变。它是将大能量激光汇聚在极小的时空尺度中从而实现聚变的方式：将含有氘氚材料的靶丸放在尺度仅有 1 毫米大小的空间中，利用高能量激光将靶丸迅速压缩并加热到聚变温度，使靶丸材料形成高温等离子体，依靠自身惯性在燃料还来不及向四周飞散时，产生核聚变（图 3）。实验表明，利用激光聚变可以产生几十亿个大气压的压力，而且需要从四周均匀加压，相当于把篮球大小的物质压缩到一粒豌豆大小才能实现。虽然美国在 1988 年利用地下核试验验证了激光聚变点火的科学可行性，但目前在实验室实现热核点火仍面临很多极限性挑战。

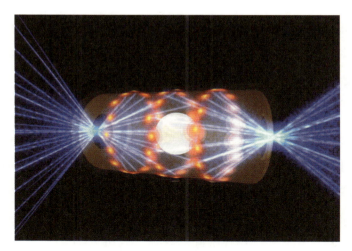

图 3　惯性约束聚变示意图

## 激光聚变的研究价值

第一，用于核武库性能认证评估。核武器爆炸是在高能量密度状态下发生的，其压力超过上千万大气压。对核武库评估的需求是当今世界激光聚变研究发展的核心驱动力。1992 年冷战结束后，美国政府为了保持自身战略核威慑的优势，一方面叫停了地下核试验，倡导和胁迫各核大国签订全面禁止核试验条约；另一方面启动建设作为核武器储备管理计划一部分的、世界上最庞大的高功率激光装置——美国国家点火装置（NIF），以发展激光聚变点火研究，从而能够在不进行核试验的条件下开展武器的可靠性、安全性和有效性研究。此后，激光聚变成为研究核武器高能量密度科学问题的主战场，是各核大国竞相角逐的战略制高点。

第二，探索理想清洁能源。核聚变使用氢元素作为原料。在氢元素家族中有氕、氘、氚 3 位成员，科学家发现用氘和氚作为原料更为合适，而且它们都能从海水中获取，可谓"取之不尽、用之不竭"。1 千克海水中提取的核聚变原料，聚变的能量相当于 300 升汽油燃烧产生的能量，而且不会产生危害性的核废料。因此核聚变能源被称为人类的"终极能源"，长远来看可望成为实现"碳中和"的解决途径。不过，现在仍处在实验室阶段，作为商用新能源还有很长的路要走。

第三，发现新的科学。通过激光聚变可以创造接近宇宙中天体的高能量密度状态，从而可以在实验室研究恒星内部的运作机理。同时，物质在高压状态下其结构会发生变化，存在形式也与常温情况大不相同。比如地球的地核处在百万大气压以上，其物质结构也会变得非常复杂；比如高压下可以实现超导，等等。这些新的科学，都有待于通过高能量密度科学研究来发现。

此外，激光聚变作为当今世界极具挑战性的大科学工程，对光学系统、电子科学与技术、信息技术、光学工程、机械工程等领域都具有很强的高端引领和辐射带动作用。

# 激光聚变研究发展态势

美国依靠强大的科技与经济实力一直引领激光聚变的发展潮流。20世纪70年代，美国先后建成7台大型高功率激光装置，其中最具代表性的是2009年建成的世界上最大的激光聚变点火装置——美国国家点火装置，激光能量输出达到180万焦耳，功率达到500太瓦，相当于美国所有电厂瞬时发电总功率的500倍。尽管集中了全世界科学家和工程师的智慧，但困难远超当时预料，至今仍没有成功实现点火，这使该项目曾备受质疑。

美国国家点火装置建立时，确定了三大任务：测试美国核武库的可靠性、探索宇宙起源、研究核聚变能源。2015年，在实验室聚变点火遭遇挫折的情况下，美国三大核武器实验室主任在写给国家核安全局的信中重申了实现这一目标的重要性和决心："美国必须继续成为第一个实验室点火的国家，因为它不仅可以为核武库维护提供支持，还可以向其他国家展示美国科学与技术的能力。"此后经过几年的不懈努力，2021年8月8日，美国国家点火装置用192束激光束产生了1.35兆焦耳聚变能量。这一能量达到触发该过程的激光脉冲能量的70%，意味着接近核聚变"点火"。这一鼓舞人心的实验结果标志着人类非常接近在实验室实现聚变点火这一科学梦想。

那么，我国的激光聚变情况如何呢？

激光聚变装置是一个国家工业和科技实力的综合体现。以激光器为例，美国汇聚全球资源，建成了激光器光学元器件的研制体系，但自20世纪80年代开始从基础材料到加工技术都对中国进行严密封锁。我国经过几十年的不懈努力，始终坚持自力更生和实行"全国一盘棋"的大协作，从材料制备、加工集成到设计建造系统并掌握了核心关键技术

（图4、图5），建立了独立自主、完整的激光聚变光学元器件研制体系，实现了核心关键技术的自主可控发展，成功研制了神光系列装置。目前，我国激光聚变研究综合实力已超越俄罗斯、法国、英国等国，跃居世界第二位，具备了向更高目标发起冲击的研究能力。

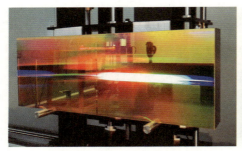

图4　大口径曝光拼接光栅

图5　激光钕玻璃片

## 激光聚变大科学工程的特点

激光聚变是一项挑战人类科学认知和工程技术极限的、庞大复杂精密的大科学工程，是一个国家综合国力的重要体现。美国国家点火装置占地面积相当于两个多足球场大小（图6、图7），系统非常复杂，安装

图6　美国国家点火装置激光大厅

图7　美国国家点火装置靶场

了大量高精度光学元器件，产生的数百束激光要经过长距离传输打到非常小的氘氚靶（图8）上，而靶丸只有2毫米大小，并且冷冻温度达零下200多摄氏度。

图8　激光聚变氘氚冷冻靶

激光聚变具备大科学工程"工程规模的物理＋物理精度的工程"的典型特点。

一方面，它是工程规模的物理。第一，激光聚变从工程规模上来说庞大复杂，需要精密的激光装置驱动才能实现，对装置建造技术提出了严峻挑战。第二，在激光点火时靶丸材料内爆速度超过300千米每秒、温度达1亿摄氏度，实验室需要具备捕捉百亿分之一秒的高速信号图像能力。第三，激光聚变物理过程极其复杂，即使目前全世界最快的超级计算机，仍无法实现激光聚变全过程的三维数值模拟。

另一方面，它是物理精度的工程。激光器对于激光光束的精密度要求非常高，两百路激光在长达千米的长程传输过程中，要实现最终靶点瞄准精度优于30微米。激光器中光学元器件的加工技术要求已逼近材料及加工制造的极限（从纳米到米近9个数量级的跨度），光学元件表面平整度相当于标准滑冰场（60米×30米）的高低起伏不超过毫米。

激光聚变研究与发展牵引和带动了激光新材料和光学制造技术、微纳智能制造技术、高性能科学计算数值模拟软件和超短超强激光技术（图 9）等领域的快速发展，产生了良好的溢出效应，实现了技术与成果的转移转化，为国家科学技术进步、武器装备研制和经济社会发展作出了重要贡献。

图 9　上海超强超短激光实验装置（SULF）

## 互动环节

### 问题一：核聚变两种技术路径的区别是什么？

**答：** 磁约束和惯性约束，目的都是为了产生核聚变能。它们各有优缺点。磁约束是将反应器和驱动器放在一起，优点是能实现长时间缓慢释放能量。但由于反应器和驱动器是在一起的，所以需要非常庞大的空间。并且这个空间充满了聚变材料氘和氚，由于氚有剧毒并容易渗透，因此存在着安全防护的难题。惯性约束聚变的聚变过程是单次进行的，相当于是一次一次地爆炸，要想利用它产生的能量，必须使这个过程能够连续起来，这也是一个很大的挑战。

### 问题二：激光聚变发展的技术有什么应用？

**答：** 第一，可应用在医学领域。如果把大科学装置变成小型桌面化仪器，通过激光把质子加速到接近光速，做成小型激光质子加速器，就可以用于癌症治疗。第二，可应用在天体物理学研究领域。根据大爆炸理论，宇宙一开始的时候，产生了正物质和反物质，它们数量相同。反物质不能独立存在，但我们可以在实验室里还原这个过程，用激光产生引力波，利用人造引力波在实验室产生反物质，从而进行研究。可以说，这些都与宇宙起源有着很大关系。

# 碳达峰与碳中和

## 导读

　　由气候变暖引发的气候变化，已成为人类面临的最大生态危机。2015年第21届联合国气候变化大会通过了《巴黎协定》，确立了国际社会合作应对气候变化的基本框架，并提出具体的控温目标。

　　欧美发达国家大多于20世纪80年代前后实现碳达峰，提出在2050年左右实现碳中和。2020年，中国承诺在2030年前实现碳达峰，在2060年前实现碳中和，即最迟到2030年，我国二氧化碳排放达到峰值，随后将逐年下降，到2060年前，通过节能减排、产业调整、植树造林、工程封存等形式抵消自身排放，实现碳中和。

　　从时间限度来看，从碳达峰到碳中和的时间，我国只有发达国家的一半。从排放量来看，我国目前年排放约占全球的1/4，能源减排技术难度大。实现"双碳目标"，既是一场能源革命，更是一场广泛而深刻的经济社会系统性变革。

## 主讲嘉宾

**王金南**

中国工程院院士，生态环境部环境规划院院长，全国人大环境与资源保护委员会委员。

## 互动嘉宾

**李俊峰**　国家应对气候变化战略研究和国际合作中心首任主任、学术委员会主任。

**李　高**　生态环境部应对气候变化司司长。

**李　政**　清华大学气候变化与可持续发展研究院常务副院长，清华大学低碳能源实验室主任。

## 主讲报告

# 中国碳达峰碳中和路径及其对策分析

### 主讲嘉宾：王金南

20 世纪以来，全球变暖被证明确实是在发生着。仅从 1990—2019 年的数据来看（图 1），尽管全球各地气温升幅情况有所不同，但总体上升温趋势都为 0.5 ~ 1℃。100 年来，地球正经历着一次显著的以全球变暖为主要特征的变化，这已经成为科学界共识。

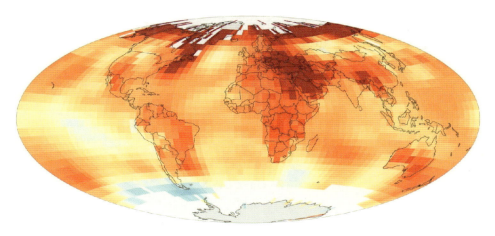

图 1　1990—2019 年，全球平均气温变化

## 应对全球气候变化

全球气候变化究竟是坏事还是好事？主流科学家认为，全球气候变化对全球产生了负面变化，包括风暴潮频发、海平面上升、极端天气事件频发、全球粮食短缺、水资源供应不足、基础设施网络和关键服务破

坏，等等。不过，全球气候变化对每个国家的影响程度却不太一样。如果将全球气候变化折算成每吨二氧化碳对世界造成的影响来看，1 吨二氧化碳可以造成约 50 美元的影响。据此计算，每年全球气候变化造成的损失相当于 2.95 万亿美元。图 2 中绿色部分，显示这个数值是负的，比如俄罗斯和加拿大，他们的气温比较低，温升会带来一定的正面影响，从这个意义上来看，全球气候变化对这些低温地区是有点好处的。

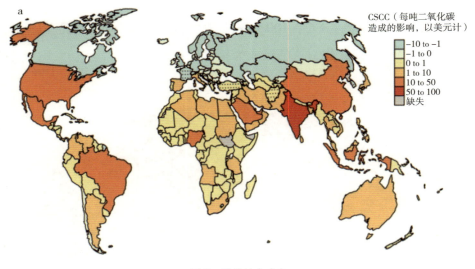

图 2　碳的社会成本
（来源：Ricke，2018）

气候变暖背后的原因是什么？科学家发现，全球温升与人类 100 多年来排放大量温室气体密切相关，特别是二氧化碳。虽然全球主流科学家对"人类活动是全球气候变化的主要原因"这个问题是有共识的，但直到 1992 年，154 个国家签署了《联合国气候变化框架公约》后，应对气候变化的进程才开始加快。1997 年，为落实这个公约的目标，控制大气中温室气体浓度，制定了具有法律约束力的国际减排协议《京都议定书》，规定了具体的温室气体减排目标。2015 年，又达成第二份具有法律约束力的气候协议《巴黎协定》，为 2020 年后全球应对气候变化行动作出安排。《京都议定书》和《巴黎协定》的签订，具有里程碑意义。在这背后，联合国政府间气候变化专门委员会（IPCC）起了非常大的作用，科学决策的基础主要是由 IPCC 的报告支撑的。

作为目前最大的发展中国家和碳排放国家，中国积极参与了与气候问题相关的国际治理进程，不仅在《联合国气候变化框架公约》的谈判中体现建设性姿态，还积极派员参与公约外的各项国际进程，积极开展国际气候合作；不仅同美国、英国、印度、巴西、法国及欧盟等发表气候变化联合声明，就加强气候变化合作、推进多边进程达成一系列共识，而且积极帮助其他受气候变化影响较大、应对能力较弱的发展中国家，先后通过开展气候变化相关合作为非洲国家、小岛屿国家和最不发达国家提高应对气候变化能力提供了积极支持。

2020 年 9 月，习近平主席在第七十五届联合国大会一般性辩论上的讲话中提出："中国将提高国家自主贡献力度，采取更加有力的政策和措施，二氧化碳排放力争于 2030 年前达到峰值，努力争取 2060 年前实现碳中和。"在全球气候治理的历史上，这是一次里程碑式的讲话，标志着中国将为全球气候治理作出新的更大的贡献。

现在人们都认识到要减少碳排放量，那么问题来了，具体要怎么减？各国的减排指标怎么分？这是最核心的问题。针对这个问题，国内外专家提出了很多方法。最早提出的方法是按照历史累积排放量测算，据此测算，美国历史累积排放量第一，中国历史累积排放量第二。如果按照现在的年度排放总量测算，中国排放量第一，这也是我们的压力所在。如果考虑人均排放量，《联合国气候变化框架公约》签署初期我国人均碳排放量低于欧盟的水平，但是近年来我国的人均碳排放量逐年增加，如 2019 年我国人均碳排放量位列世界第 44 位，已经高于欧盟国家的平均水平。据 2015 年联合国环境署测算分析，全世界最富裕的 1% 人口的碳排放量是全世界最穷的 50% 人口碳排放量的 2 倍多。可以说，碳排放量在不同国家之间和不同群体之间都具有明显的差异性。在这种情境下，按照《巴黎协定》里提出的全球控制温升不超过 2℃方案和不超过 1.5℃方案，全球碳减排的力度是不一样的，相应的全世界的投资需求也是不一样的。根据奥地利国际应用系统分析研究所（IIASA）研究，2010—2050 年全球实现 2℃温控目标的每年平均投资约为 2.5 万亿美元，总投资为 150 万亿美元；如果 2010—2050 年全球实现 1.5℃温控目标，每年平均投资约为 2.8 万亿美元，总投资为 168 万亿美元。

为了实现控温目标，最基本的途径是碳中和。而我国由于碳排放量还未达峰，所以提出碳达峰、碳中和的"双碳"目标。据粗略统计，截至 2021 年年初，占全球二氧化碳排放量 65% 以上和世界经济总量 70% 以上的国家都已经作出了碳中和的承诺，明确了碳中和的时间表，这是大势所趋。

## 中国应对气候变化历程与成效

中国应对气候变化的历程，与国际上是同步的。从 2007 年开始制定中国应对气候变化方案，到后来"十二五""十三五"时期制订控制温室气体的方案，再到 2020 年提出碳达峰、碳中和的里程碑式指标。在"双碳"目标承诺之前，我国主要是从强度方面加强控制，控制单位 GDP 的二氧化碳排放强度。现在的碳达峰、碳中和目标，核心问题是控制碳排放总量，必须从原来的强度控制转到总量控制，这是最主要的转变。

党的十八大以来，在减污降碳方面，我国已经取得了很好的成就。特别是在习近平生态文明思想指引下，生态环境保护方面取得的成就在国际上非常显著。图 3 展示了 2013 年到 2020 年中国经济社会发展与生态环境资源变化情况，GDP 增加了 51%，汽油保有量增长 120%。但环境保护指标显著改善，能耗强度、二氧化碳排放强度下降了 20% 以上，PM2.5 城市年均浓度下降 50%，重污染天数下降 85%，经济发展与环境指标（能耗指标）的一升一降，形成鲜明对照。

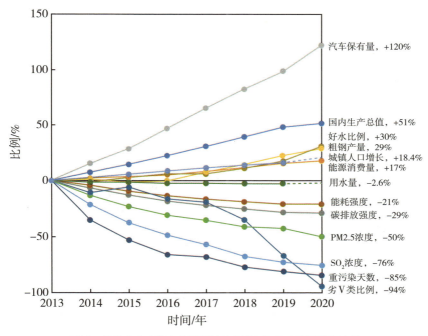

图 3　党的十八大以来中国经济社会发展与生态环境资源变化
（来源：生态环境部环境规划院，2021）

从应对气候变化角度来看，无论《国家应对气候变化规划（2014—2020）》，还是"十三五"控制温室气体排放工作方案，我国都圆满完成了任务，这在国际社会也树立了大国担当的良好形象。"十三五"期间，我国也做成了几件大事：一是能源结构大幅优化，煤炭比例降到57.7%。二是持续大规模推进北方地区清洁取暖，实现二氧化碳协同减排效应。三是实行对京津冀、长三角、珠三角等重点区域煤炭消费总量控制，煤炭消费总量控制直接带来二氧化碳的减排，效果非常显著。四是加大低效高污染煤炭的替代力度，"十三五"期间，全国淘汰15万多台燃煤锅炉，力度空前。五是在应对气候变化主战场上，大力发展可再生能源和新能源；截至2020年年底，风能发电和光伏发电装机容量达到5.3亿千瓦，我国的风能发电、光伏发电，技术规模、产业规模、装机容量和出口量在国际上处于领先位置。六是通过生态保护修复来增加碳汇，我国森林覆盖率稳步上升，截至2018年年底，全国森林覆盖率已经提高到23.04%。根据美国航空航天局（NASA）官网报道（图4），2000—2017年，全球新增绿化的1/4来自中国，贡献比例居全球首位。这也是我国每年都在倡导植树造林、植树绿化带来的积极效果。

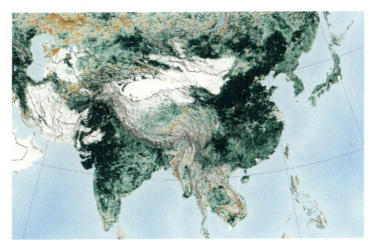

图4 NASA官网对中国绿化贡献的数据分析

## 中国碳达峰、碳中和战略分析

中国的碳达峰、碳中和目标，可能是所有国家中任务最艰巨、影响最深远、投入最昂贵的世纪工程。单就单位GDP二氧化碳排放强度这一指标来说，虽然指标下降是非常显著的，但是跟发达国家比较，单位GDP二氧化碳排放强度仍处高位，是发达国家排放强度的2倍左右。

那么，我国的碳达峰、碳中和路径应该是什么样的呢？

第一，从国家层面来说，如何来确定碳达峰时间表和碳达峰峰值。2020年，生态环境部环境规划院相关研究团队的一项研究成果表明，我国可以在2027年前后实现碳达峰（该峰值不包括工业过程排放），总排放量大约是106亿吨二氧化碳，到2035年碳排放量逐渐降至102亿吨左右，2035年后进入快速下降期。到2060年，二氧化碳排放量将达到6亿吨左右，这6亿吨将通过碳汇实现碳中和，这是一种碳达峰、碳中和的路径。不同科研人员对碳达峰峰值预测不尽相同，也有一些机构提出中国存在2025年实现碳达峰的可能性。

第二，从地方层面来看，如何确定31个省、自治区、直辖市的碳达峰的时间和峰值？从排放空间格局角度来看，应该要考虑每个省份目前的排放量基础，这是一个最基本的政策考量基础，要考虑不同省份的产业结构（如火电、钢铁、水泥等）特征和未来碳中和潜力。

第三，要作出重点行业和部门碳达峰的路径。比如，钢铁、水泥、有色行业的碳排放建议在"十四五"期间实现碳达峰，石化、化工、煤化工与交通行业在"十五五"末期实现碳达峰。电力行业的达峰时间存在较大争议，我们建议到"十五五"末期，也就是2030年前后实现达峰，有的专家也提出来电力行业能不能在"十四五"末期实现达峰，甚至是不是应该更早，这其中就涉及碳达峰路径选择问题。另外，我们应客观看待达峰后的平台期。这里的碳达峰并不是说达到峰值后马上下降，而是应该还有一个平台期过渡。

# 促进碳达峰、碳中和的十大措施

## （一）建立碳排放总量控制和责任分担机制

《国民经济和社会发展第十四个五年规划和 2035 年远景目标纲要》提出，"实施以碳强度控制为主、碳排放总量控制为辅的制度，支持有条件的地方和重点行业、重点企业率先达到碳排放峰值"，标志着中国将从"十四五"时期开始进入碳排放强度和总量双控的新发展阶段。碳排放强度约束和总量控制都是国际上通用的环境管理手段，其中排放总量控制具有更强的约束力。一方面，实施碳排放总量控制，对地区和重点行业碳排放设定刚性减排要求，能够有效防止冲高达峰，推动分阶段稳步实现碳中和目标；另一方面，进一步强化政府在碳达峰行动中的主体责任，把二氧化碳排放控制纳入中央生态环境保护督察、党政领导综合考核内容等，加强过程评估和考核问责。

## （二）加快推进碳中和的零碳能源革命

二氧化碳排放主要来自化石能源消费，因此，碳达峰和碳中和的关键是实施能源消费和能源生产革命，持之以恒减少化石能源消费，实现终端用户电气化和电力高比例零碳化。对于中国而言，煤炭是化石能源消费的主体，因此近期能源结构转型的重点在于严格控制煤炭消费。各地应制定"十四五"及中长期煤炭消费总量控制目标，确定减煤路线图，保持全国煤炭消费占比持续快速降低，大气污染防治重点区域要继续加大煤炭总量下降速度。按照集中利用、提高效率的原则，近期煤炭削减重点为加大民用散煤、燃煤锅炉、工业炉窑等用煤替代，大力实施终端能源电气化。大力加强非化石能源发展，2025 年全国非化石能源在一次能源消费中的比例应不低于 20%。东部地区"十四五"期间新增电力主要由区域内非化石能源发电和区域外输电满足。加快特高压输电发展，显著提高中西部地区可再生能源消纳能力。

### （三）稳步推进重点行业和领域的碳达峰

我国二氧化碳排放量中，电力（包括热电联产）、钢铁、水泥、铝冶炼、石化化工、煤化工等重点行业及交通、建筑领域碳排放合计占总排放量 90% 以上。工业领域的达峰态势及控碳措施直接影响全国碳达峰的时间和峰值。要坚决遏制"两高"项目盲目扩张，加快构建高效低碳循环工业体系，大力推进工业节能降耗，推动工业领域率先整体达峰并实现碳排放稳定下降。电力是全国最大的碳排放行业，也是未来十年我国能源增长的主体。在碳达峰目标要求下，提速风能、光能新能源发展是必然选择，风电、太阳能发电需承担满足主要用电增量需求。同时，要充分挖掘水电、核电、生物质发电潜力，加速推动火电机组灵活性改造，加快发展储能技术，建立健全适应新能源快速发展的价格机制和电力调度系统，推进构建以新能源为主体的新型电力系统。

### （四）优化国土空间提升碳汇能力

以森林、草原、湿地、红树林、海草等为主体的生物固碳措施，能够不断提升生态碳汇能力，对减缓全球气候变化具有重要作用。根据联合国粮农组织 2020 年全球森林资源评估结果，全球森林面积为 40.6 亿公顷，约占全球陆地面积的 31%，森林碳贮量高达 6620 亿吨。全球森林的碳贮量约占全球植被碳贮量的 77%，森林土壤的碳贮量约占全球土壤碳贮量的 39%，森林是陆地生态系统最重要的贮碳库。全球陆地生态系统和海洋生态系统年均固碳 35 亿吨和 26 亿吨，分别抵消了 30% 和 23% 的人为碳排放。我国陆地生态系统碳贮量为 792 亿吨，年均固碳 2.01 亿吨，可抵消同期化石燃料碳排放的 14.1%，其中森林的贡献约为 80%。如期实现碳达峰、碳中和目标，一个重要方面在于提升生态碳汇能力，强化国土空间规划和用途管控，有效发挥森林、草原、湿地、海洋、土壤、冻土的固碳作用，提升生态系统碳汇增量。

## （五）构建绿色零碳循环发展经济体系

坚持绿色低碳循环发展，全面推行节约能源政策。一是依靠技术进步加快推进节能工作。节能依然是首要任务，是二氧化碳第一减排途径。将回收后的工业废物作为替代原料燃料进行循环利用能大幅减少生产过程能耗，是国际社会推动高耗能行业减耗降碳的重要手段。二是全面强化物料循环回收利用体系建设。推动废钢资源回收利用，提高炼钢废钢比；推动废铝回收处理，提高废铝资源保级利用水平，大幅提高再生铝占比；综合利用固体废物开展水泥原料燃料替代，利用生活垃圾等替代水泥窑燃料，利用粉煤灰等替代石灰质原料。三是加大对新建煤电项目准入和现有煤电企业发电量的约束，推进煤电灵活性改造。新（扩）建工业项目不再配套建设燃煤自备电厂，电力需求全部通过电网取电满足。现有使用自备煤电的企业逐步过渡为从电网取电。进一步推动淘汰小型燃煤锅炉、民用煤炉等低效用煤设施，推进燃煤锅炉和小热电关停整合。四是推动使用天然气或焦炉煤气替代煤炭生产甲醇。严格审批煤制烯烃和煤制乙二醇项目，除了确需保障能源安全单列的煤化工示范项目，原则上不再审批新的煤制油气项目。

## （六）充分运用市场手段促进碳达峰

要充分发挥市场配置资源的决定性作用，通过价格、财税、交易等手段，引导低碳生产生活行为。以气候投融资和全国碳市场建设为主要抓手，助推碳达峰方案实施。强化财政资金引导作用，扩大气候投融资渠道，在重点行业的原辅料、燃料、生产工艺、产品等环节实施价格调控激励政策，对低碳产品在税收方面给予激励。开展全国碳市场建设和配额有偿分配制度建设，将国家核证自愿减排量纳入全国碳市场。改革环境保护税，研究制订碳税融入环境保护税方案。鼓励探索开展碳普惠工作，激发小微企业、家庭和个人的低碳行为和绿色消费理念。

### （七）加快建立碳中和工程技术创新体系

工程技术的发展是推进低碳技术应用和低碳经济发展的重要基础。在全球应对气候变化要求不断提高的大背景下，抢占低碳科技高地将是未来一段时间赢得发展先机的重要基础，因此应当将低碳科技作为国家战略科技力量的重要组成部分来大力推动。建议国家提出低碳科技发展战略，强化低碳科技研发和推广，设立低碳科技重点专项，针对低碳能源、低碳产品、低碳技术、前沿性适应气候变化技术、碳排放控制管理等开展科技创新。加强科技落地和难点问题攻关，汇聚跨部门科研团队开展重点地区和重点行业碳排放驱动因素、影响机制、减排措施、管控技术等科技攻坚。采用产学研相结合的模式推进技术创新成果转化并示范应用。

### （八）建立健全减污降碳协同增效机制

常规大气污染物与二氧化碳排放同根、同源、同时，协同管理具有很好的理论基础。在现阶段，中国的生态环境保护工作同时面临着传统污染物减排、环境质量改善和二氧化碳排放达峰等严峻挑战。在国际上，美国、欧盟等主要发达经济体将温室气体排放控制纳入环境综合管理体系中，在温室气体排放监测和统计基础上，以政策评估的形式为国家决策提供支持，实现国家层面上的统筹协调、统一监管、多部门共同参与的管理模式。发达国家的经验表明，常规大气污染物和温室气体协同控制正成为加强环境管理、实现低碳发展的重要举措。"十四五"期间是中国推进环境空气质量达标和二氧化碳达峰"双达"的关键阶段，虽然控制温室气体和大气污染物具有很大的协同性，但以城市尺度对大气污染物和二氧化碳进行精细化协同管控的手段仍存在不足。目前对城市碳达峰和空气质量协同关系的研究和分析较少。厘清空气质量、大气污染物排放和碳排放的精细化协同管理方式，推进实现碳排放达峰和城市空气质量达标"双达"目标，需进一步加强城市碳排放达峰和空气质量达标综合评估体系研究和应用，强化环境和气候协同治理。

### （九）加快形成绿色低碳消费模式和方式

生态文明建设同每个人息息相关，每个人都应该做践行者、推动者，要通过生态文明宣传教育，强化公民环境意识，推动形成节约适度、绿色低碳、文明健康的生活方式和消费模式，形成全社会共同参与的良好风尚。鼓励公民采取绿色低碳的生活方式。绿色低碳生活的核心内容是低污染、低消耗和低排放，以及多节约。践行绿色生态观，每一个人都要从自己做起、从现在做起，从节约电、节约水、节约油、节约气、节约钱、节约食品、节约衣物、多栽花、多植树这些生活中的点滴小事做起，有意识地调整自己的生活习惯。鼓励探索建立自愿性的个人碳收支信用体系，从影响个人的日常行为选择开始，减少温室气体排放，减少碳足迹。

### （十）加快推进碳达峰、碳中和立法

近年来，中国生态文明建设方面的立法和修法突飞猛进，尤其是在污染防控和生态保护方面，但是在应对气候变化或者低碳发展领域还没有专门的全国性法律，支撑碳达峰、碳中和目标实现的法制体系薄弱、立法层级低且碎片化，无法满足中国实际工作需求。促进碳达峰、碳中和立法，不仅可以使中国应对气候变化行动的决心和原则更加明晰，也可以填补现有法律空白，以法律的强制力保障中国碳达峰、碳中和目标的实现。通过促进碳中和立法，可以赋予碳排放峰值目标、总量和强度控制制度以法律地位，明确实现碳中和的能源生产和消费技术方向，引导建立全社会绿色低碳生活方式，保障全国碳排放权交易市场的有序推进，也为政府管理部门分解落实碳减排目标、开展目标责任考核提供法律依据。

## 互动环节

### 问题一：我们应该如何理解气候变化？

**答：**气候变化首先是一个科学的问题，气候有没有变暖，温度计就告诉我们了。背后的分歧是，到底是人为因素还是自然因素造成的？联合国政府间气候变化专门委员会（IPCC）主要是解决这个问题的机构。1990年以来，在IPCC发布的前五次科学评估报告中，主流科学家都认为人为因素是主因。第六次评估报告不再从概率的角度讲，而是明确提出，人为因素影响气候变化就是一个确定性的因素。

当然，还有不同的意见。搞地质的科学家讲，在过去的几亿年里全球温室气体浓度和全球气温有很大的变化，怎么能说明现在的情况？不过，我们现在讲的气候变化，指的是百年尺度的气候变化。气候变化确实是与经济发展阶段和方式有关的问题，造成气候变化的主要原因是人为大量消耗化石能源。

怎么看气候变化还是国际政治的问题，也有两面性，一方面是全球要合作应对，另一方面也得进行国际规则的制定之争。1992年《联合国气候变化框架公约》确定了共同但有区别的责任原则。1997年《京都议定书》只对发达国家确定了减排的法律责任。再往后，全球经济格局、排放格局的变化，推动了整个应对气候变化格局的变化。原来要求发达国家大幅度减排，提供资金、技术，到现在要求大家都要采取行动，而且再往后可能针对碳排放大国会提出更高要求。

习近平总书记对气候变化这个问题高度重视。他说，气候变化不是别人要我们干，而是我们自己要做，是我们可持续发展的内在要求。我认为这是两方面的考虑，一方面，要应对全球气候变化，中国要积极作出贡献，努力承担与我们发展阶段、现实能力和应尽义务相应的国际责任。另一方面，确实需要给我们高质量发展和生态环境保护建立一个倒逼的机制，碳达峰、碳中和就是承担了这样的功能。气候变化问题是统筹国际国内两个大局的问题，关系到我们自身的可持续发展，也关系到我们为人类共同利益和共同挑战作出贡献的问题。

### 问题二：碳达峰、碳中和目标，是机遇大于挑战，还是挑战大于机遇？

**答：** 对中国来说到底是机遇大于挑战，还是挑战大于机遇，这个问题要辩证来看。我国人口众多，资源并不多，所以我们要走技术依赖发展道路，比走资源依赖发展道路可能更通畅一些，这就是对我国面临的机遇和挑战的分析。我国碳达峰也是一个自然过程，不可能违背自然规律，也不会冒着国家有重大损失的风险强制实现碳达峰。我国的工业化也到了这个阶段，只要努力就可以达峰。我列举几个数字来说明这一点，"十五"时期我国每年增加 5 亿吨二氧化碳排放量，"十一五"降到 3 亿吨，"十二五"降到 2

亿吨，"十三五"降到 1 亿吨多一点，"十四五""十五五"实现碳达峰是自然过程。实现碳达峰、碳中和，我们要付出代价。这个代价是值得的，这对我们来说既是一个挑战，也是一个机遇。

## 问题三：为什么说实现碳达峰、碳中和是一场广泛而深刻的经济社会系统性变革？

答：系统性社会变革有几方面：首先，价值观的变化。现在碳达峰、碳中和提出对碳价值的看法，要改变每个人的价值观，同时要改变整个国家的价值观，以低碳为荣，以高碳为耻，这是价值观的问题。其次，应对气候变化对经济发展有塑形作用，这是非常大、非常重要的变化。生产方式会变化，生活方式也会变化，渗透在整个经济社会的方方面面，所以是一个系统性、根本性的变化。最后，能源是"双碳"目标重中之重，所以能源系统要充当改革先锋，从传统能源以煤炭为代表、以化石能源为主，转变成未来以非化石能源为主体。能源使用的整个比例要倒过来，甚至非化石能源等低碳能源占绝对高的比例，这种变化也是非常大的系统性变革。

## 问题四：地球历史上有冰川期，也有间冰期。现在我们是以百年为尺度看气候变化，如果从百万年尺度或更大尺度来看，该怎么理解现在的气候变化应对？

答：工业革命以来我们对自然系统扰动的能力大大地增强，如果从地质年代来讲我们还处于冰河期，为什么在冰河期温度会上升？就是因为排放，我们对自然系统影响的能力大大超过了自然变化的速度。冰河期时间尺度很长，我们为什么要积极应对气候变化，为什么要采取这样的措施，因为它对我们当下和未来几代人会产生直接的影响。

我们要在几十年里，采取人为措施把这种可能性降到最低。现在，我们仅仅试图采取措施以扭转未来几十年因为温室气体排放产生气候变化的影响。对于地质时代的气候变迁，我们现在还没有能力对其施加影响，研究也不充分。现在首要的是对当下气候变化问题作出相应的安排。

**问题五：现在提出了碳达峰、碳中和的时间表之后，一些企业或地方政府，说要努力提前达峰。还有一种观点认为，由于经济发展有压力，我们不要提前达峰，我们要卡着点按部就班地达峰，对这两个观点，我们怎么看？**

**答：**对这个问题中央说得很清楚。2021 年 3 月 15 日，在中央财经委员会第九次会议上，习近平总书记做了很全面的论述。第一，解决的是减排和发展的问题，我们减排是基于高质量发展和高水平保护前提下的减排。第二，对一个企业或一个地区早达峰还是卡点达峰是由客观规律、客观分析和客观需要来决定。

我们不能完全理解为这是一个自然过程，没有目标就不可能达成。为什么要提出目标？目标就是努力的方向，有了目标工作才能推动。中央作出 2060 年碳中和的决策，是下了政治决心的，这个政治决心考虑了国际的因素，也考虑了国内的因素，国内需要这种倒逼。再往后大气污染还靠末端治理是走不下去的，而是应该靠我们强化对温室气体排放的管控。国际上应对气候变化的进程是长期进程，这个过程中一方面我们要积极履行我们应尽的义务，另一方面也要按照我们实际能力，不能超前，急不得，慢不得。而且从现在国际上形成的方向和潮流来看，这有可能进一步形成对我们提高目标的推动力。我们的目标要基于我们国家自身发展的需要，即高质量发展的要求，提出我们要跳起来够得着的目标。我们既不会接受别人强加给我们的目标，也要把握好这个平衡，急不得，慢不得。一切照旧甚至倒退，这对我们国家经济高质量发展和生态环境高水平保护都将是一种损害。

# 航天强国建设的挑战

## 导读

中华人民共和国成立以来，中国在航天领域取得了一系列辉煌成就。从"东方红一号"卫星到月球探测、火星登陆，从长征运载火箭到载人航天、空间站建设，从遥感、气象卫星再到北斗卫星与东风快递的组合，这些国之重器，让中国有了底气和硬气，也让中国航天强国梦想有了坚实的基础。

中国的航天科技，始终以加速度的姿态前进，在这背后，不仅有精神的力量，更有打造航天强国始终不变的方向和定力。2020 年，"嫦娥五号"返回器携带月球样品成功着陆，正是中国发挥新型举国体制优势攻坚克难的重大成就。

纵观全球，空间技术与空间科学的探索竞争激烈、时不我待，尤其是在西方航天强国的持续打压下，中国的航天强国建设还任重道远。那么，中国航天强国的发展目标和路线规划该如何制定？建设航天强国将会面临怎样的挑战？

## 主讲嘉宾

**包为民**

中国科学院院士，中国航天科技集团科技委主任，中国科协第十届全国委员会副主席。作为中国航天运载器总体及控制系统领域的学术带头人，曾领导和参与多项重大工程研制，为国防工业现代化建设解决了一系列技术难题。

## 互动嘉宾

**于登云** 中国科学院院士，中国航天科技集团科技委副主任，中国探月工程副总设计师。长期从事航天器系统工程、动力学与控制技术研究与应用。

**杨 宏** 中国工程院院士，中国空间技术研究院研究员，空间站工程总设计师，载人航天器系统设计和工程管理专家。

**李 东** 中国运载火箭技术研究院研究员，"长征五号"运载火箭总设计师。长期从事运载火箭理论研究与工程实践。

## 主讲报告

# 航天强国建设的思考

**主讲嘉宾：包为民**

自古以来，人类对宇宙充满了无限好奇和遐想，嫦娥奔月、敦煌飞天等寄托了古人对宇宙的向往。到了现代，随着科学技术发展，特别是火箭、卫星、飞船、空间站、探测器等航天器的研发，人类才真正实现了进出太空、利用太空、探索太空及提高了管控太空的能力。

进出太空，是指使用运载火箭等航天运输工具将卫星等有效载荷送入地球轨道、遥远深空或按需返回地面。进出太空的能力有多大，航天的舞台就有多大。利用太空，就是指通过卫星等航天器利用空间环境和资源，为社会大众提供通信、导航、遥感及其他服务。探索太空，是指以空间站、探测器等航天器为主要平台，开展空间科学探索，揭示宇宙自然现象及规律。管控太空，是指构建航天法规体系、太空交通管理，开展空间碎片清除、近地小行星防御等空间环境太空环境治理活动，实现空间可持续利用。

## 中国航天发展历程

1956 年 10 月 8 日，党中央根据钱学森的建议成立了负责导弹技术研究的国防部第五研究院，拉开了中国航天事业发展的序幕。中国航天事业从起步开始，就是党的事业、国家的事业、人民的事业，一直以来得到党和国家及全国人民的大力支持。65 年来，不断发展的航天事业与国家发展同频共振，实现了从无到有，从有到全，在运载火箭、卫星、载人航天、探月工程、火星探测等相关领域取得了一系列举世瞩目的成就，极大地增强了中国国防实力、经济实力、科技实力、民族自信心与凝聚力。

1970 年 4 月 24 日，"东方红一号"卫星成功发射，中国开启了进军太空的征程，成为世界上第五个独立研制并发射人造地球卫星的国家。2003 年 10 月 15 日，"神舟五号"载人飞船成功发射，中国成为第三个独立掌握载人航天技术的国家。2007 年 10 月 24 日，"嫦娥一号"月球探测器成功发射，中国迈出了深空探测的第一步。2016 年 11 月 3 日，中国新一代运载火箭"胖五"，即"长征五号"遥一火箭首飞成功，标志中国火箭运载能力跃居世界第二。2019 年 1 月 3 日，"嫦娥四号"实现了人类探测器首次在月球背面软着陆。2020 年 6 月 23 日，"北斗三号"最后一颗全球组网卫星发射升空；7 月 31 日，"北斗三号"全球卫星导航系统正式开通，中国完全拥有了自己的卫星导航系统。2020 年 12 月 17 日，携带着从月球采集的 1731 克月球样品，"嫦娥五号"以第二宇宙速度回到地球，中国成为世界上第三个实现月球采样返回的国家。2021 年 4 月 29 日，天和核心舱成功发射，使中国天宫空间站进入在轨建设阶段。2021 年 5 月 15 日，"天问一号"成功着陆火星，中国成为第三个登陆火星的国家。2021 年 6 月 17 日，三位航天员顺利进驻天和核心舱，成为入驻中国空间站的第一批主人。以三大里程碑（首颗人造地球卫星"东方红一号"成功发射，"神舟五号"飞船首次载人航天飞行，"嫦娥一号"月球探测器首次深空探测）为代表的一系列航天成就，奠定了中国航天大国的地位（图 1）。

2021 年 6 月 23 日，习近平总书记在北京航天飞行控制中心，同"神舟十二号"的 3 名航天员进行历史性的天地通话。习近平总书记指出，空间站建设是中国航天事业的一个重要里程碑，将为人类和平利用太空作出开拓性贡献。面对建设航天强国的时代要求，中国航天迎来了新的发展机遇。

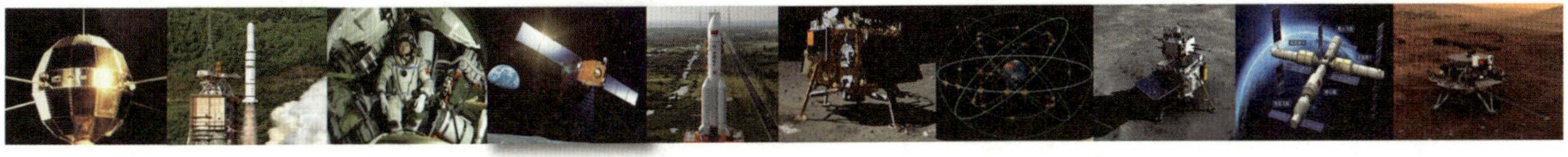

图 1　中国航天事业发展的辉煌成就

世界第五个独立研制并发射人造地球卫星的国家
1970.4.24
"长征一号"运载火箭成功发射"东方红一号"卫星

世界第四个独立研制并发射静止轨道卫星的国家
1984.4.8

世界第三个独立掌握载人航天技术的国家
2003.10.15
"长征二号"F运载火箭成功发射"神舟五号"载人飞船

世界第五个具有深空探测能力的国家
2007.10.24
"长征三号"甲运载火箭成功发射"嫦娥一号"月球探测器

我国火箭运载能力位列世界第二名
2016.11.3
"长征五号"遥一火箭首飞成功

人类第一个着陆月球背面的探测器
2019.1.3
"嫦娥四号"月球探测器在月球背面成功着陆

世界第三个成熟的卫星导航系统
2020.6.23
"北斗三号"导航系统组网成功

世界第三个实现月球采样返回的国家
2020.12.17
"嫦娥五号"返回器携带1731克月球样品返回地球

世界第三个拥有空间站的国家，目前仅天宫和国际空间站在轨
2021.4.29
"长征五号"B成功发射"天和"核心舱，我国"天宫"空间站进入在轨建设阶段

世界第二个登陆火星的国家，人类首次获取火星车在火星表面移动的影像
2021.5.15
"天问一号"火星着陆器成功着陆火星

# 中国航天发展现状

## （一）进出太空能力

中国长征系列火箭历经四代发展，共研制出 20 种型号的火箭，拥有完备的大、中、小型火箭型谱。"十三五"期间，"长征五号"等 6 型新一代运载火箭首飞成功，实现了近地轨道运载能力（LEO）提升至 25 吨级，地球同步转移轨道（GTO）运载能力提升至 14 吨级的跨越，进入空间的能力达到世界一流水平。

提升运载能力一直是长征运载火箭发展的主线方向，其发展经历了三次重大技术跨越，包括从串联发展到捆绑式并联，推进剂从常规发展到低温、从有毒发展到环保（图 2）。

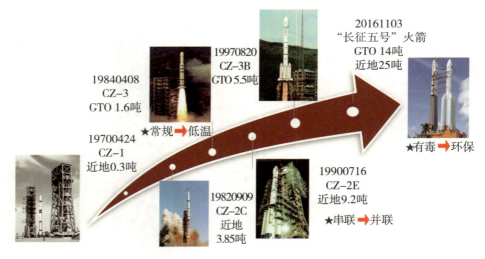

图 2　长征运载火箭的跨越发展

从运载能力来看，1970 年发射的"长征一号"近地轨道运载能力仅有 0.3 吨，到 2016 年发射的"长征五号"近地轨道运载能力 25 吨，提高了 80 多倍。从发展速度来看，长征火箭首个 100 次发射用了 37 年，而最近 100 次发射只用了 3 年，发展速度非常快。高密度发射态势持续增强，2018 年和 2019 年连续两年发射次数位居世界第一。截至 2021 年 7 月 10 日，长征火箭共发射 379 次，发射成功率 96%；在"十三五"期间，平均年发射 30.4 次，略低于美国的 30.6 次。

（二）利用太空能力

围绕经济社会发展需求，利用太空已覆盖通信、导航、遥感三大领域。截至 2020 年年底，中国在轨卫星数量达到 441 颗，其中通信卫星 66 颗，导航卫星 52 颗，遥感卫星 207 颗，具备卫星通信中继、导航定位、对地感知能力，实现了从试验应用向业务服务转型（图 3）。

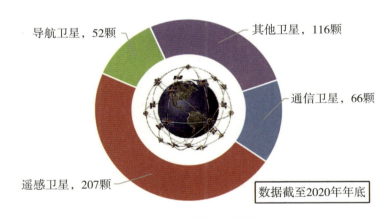

图 3　中国在轨卫星数量

通信卫星以平台发展为主线，实现了从自旋到三轴、从试验到试用、从实用到商用、从固定业务到移动业务、从窄带业务到宽带业务、从单星系统到星座网络的跨越。比如从"东方红一号"卫星的自旋稳定到"东方红五号"卫星的三轴稳定，卫星重量从 0.173 吨提升到 8 吨，增加了 46 倍。

导航卫星采用了"三步走"的发展战略。2000 年年底完成的"北斗一号"服务中国，2012 年年底完成的"北斗二号"服务亚太区域，到 2020 年 7 月 31 日实现全球服务，标志着北斗全球卫星导航系统星座部署全面完成，完成了"三步走"的发展战略。北斗系统突破了新型导航信号、星间链路、高性能星载原子钟等核心技术，实现了卫星核心器部件 100% 自主可控，服务性能达到国际先进水平。

遥感卫星目前已经建成以资源、海洋、环境减灾、风云等为代表的遥感卫星系列，并实施高分辨率对地观测系统重大专项。遥感卫星对地成像分辨率最高优于 0.5 米，观测手段覆盖可见光、红外、激光、高光谱、合成孔径雷达等，有力支撑国家及各行各业实际应用。

对太空的利用，带来很多效益，带动了产业链增长。2020 年，卫星运营与应用服务业规模为 5333 亿元。其中，卫星通信 800 亿元，卫星遥感 500 亿元，卫星导航 4033 亿元。现在，北斗导航星座有效管控 700 万辆营运车辆、2900 余座海上导航设施。气象卫星已成为世界主力的气象卫星，风云气象卫星为全球 115 个国家和地区提供数据服务。

### （三）探索太空能力

在载人航天方面，按照"三步走"发展战略推进实施，现已全面进入空间站建造阶段任务。截至 2021 年 7 月，已成功发射 14 艘飞船、2 个空间实验室、1 个空间站舱段，先后将 17 人次送入太空。中国"神舟"载人飞船执行任务 12 次，载人飞行 7 次，均获得圆满成功，总体技术水平与俄罗斯的"联盟号"相当。"天舟"货运飞船执行 2 次任务，物资上行能力 6.9 吨，载货比 0.51，运输效率位居世界第一。通过载人航天的发展，中国突破了载人飞行、出舱活动、货物运输、推进剂补加等关键技术。例如，中国"天宫"空间站运行轨道高度在 390 千米左右，这个高度的轨道每天都会有衰减，需要不断补充推进剂才能维持，只有这些关键技术突破才能保证其稳定运行。

在月球及深空探测方面，成功发射 5 个月球探测器。在嫦娥探测器发展中，突破空间核电源 / 核热源、复杂崎岖地形自主避障与高精度着陆、月面自动采样封装、月面上升及返回技术，建立了较为完善的月球探测工程体系。如今，"嫦娥"探测器取得了一系列成就：在国际上首次获得 7 米分辨率全月图；"嫦娥四号"首次实现月球背面软着陆与巡视勘察；"嫦娥五号"获得的 1731 克月球样品量，是苏联 6 次无人月球总采样量的近 5 倍。首次火星探测任务一步实现绕落巡，位居世界第一，其中"天问一号"是世界上最大的火星探测器。"天问一号"在火星上降落时，巧妙利用避障悬停技术，通过在高空观察地面情况，并结合伞的运动轨迹进行反方向机动着陆，实现了一次性成功着陆（图 4）。

图 4　中国月球及深空探测情况

### （四）差距分析

中国进入空间能力，在起步阶段与美国有较大差距。1970 年，美国近地轨道运载能力已达 120 吨，那时中国只有 0.3 吨。到 2016 年，中国近地轨道运载能力达到 25 吨，美国是 28.8 吨。在 2018 年，重型"猎鹰"火箭又将美国火箭近地轨道运载能力提高到 63.8 吨，大大超过中国 25 吨的运载能力。未来，中国规划的新一代载人火箭近地轨道运载能力将达 70 吨，重型火箭"长征九号"运载能力将达 140 吨，但仍然小于美国规划的 200 吨星舰运载能力。

从利用太空来看，仍存在差距。截至 2020 年年底，美国在轨卫星数量 1897 个，中国是 441 个。由美国等 16 个国家建造的国际空间站重量约 420 吨，中国的天宫空间站建成后最大可扩展到 180 吨（图 5）。

图 5　中国空间站最大扩展构型（180 吨）

从深空探测来看，美国对行星际空间的探测全面覆盖了太阳系内八大行星，并已抵达太阳系边际，中国目前的探测活动还主要集中在月球、火星，这方面还存在较大差距。

## 航天强国建设的目标和任务

### （一）建设目标

2013 年 6 月 11 日，习近平总书记在酒泉卫星发射中心观看"神舟十号"载人飞船发射时指出："探索浩瀚宇宙，发展航天事业，建设航天强国，是我们不懈追求的航天梦！"2017 年，建设航天强国写入党的十九大报告中，体现出国家的战略决策。专家、学者研究认为，建设航天强国应该有几个含义：具备世界一流的自由进出太空能力、高效利用太空能力、科学探索太空能力、有效管控太空能力，应成为尖端科技创新的引领者、经济社会高质量发展的推动者和人类文明发展的开拓者。

航天强国建设的目标是促进科技、经济、社会发展和文明进步。具体分为"三步走"来实现：第一步，到 2025 年夯实航天强国基础，建成载人空间站，建成民用空间基础设施，提升新一代运载火箭性能，基本建成卫星互联网。第二步，到 2035 年基本建成航天强国，包括建造近地轨道运载能力 140 吨的重型火箭，建成可重复使用航天器，建立月球科研站，实现载人登月及火星采样返回等。第三步，到 21 世纪中叶实现航天强国，希望能实现航班化航天运输，对木星以远及太阳系边际进行探测等。

## （二）重点任务

在进出太空方面，实现高性能、低成本、远距离、快响应、智能化、规模化的自由进出能力。建设重型火箭及新一代载人火箭，重型火箭近地轨道运载能力达 140 吨，2030 年前后完成首飞。新一代载人火箭近地轨道运载能力达 70 吨，地月转移轨道运载能力达 25 吨，2027 年前后完成首飞。同时，开发可重复使用运载器，建设航班化航天运输系统。

在利用太空方面，实现一星多能，多星组网，并拓展至地月空间，实现在轨服务。围绕通信、导航、遥感等应用需求，建成技术先进、全球覆盖、高效运行的国家民用空间基础设施体系。规划下一代空间基础设施体系，构建天基综合信息网络。建成在轨服务与维护系统，设立"空间 4S 店"，在空间对卫星进行在轨维修，可实现卫星在轨升级、在轨建造等。

在探索太空方面，实现近地空间站长期运营，地月空间重点开发，月球以远逐步探索。将在 2022 年建成空间站，在 2030 年前安排 4 次月球探测飞行试验，在月球上建无人科研站，到 2030 年以后实现载人登月，最后希望建成一个有人参与的月球实验室。对月球以远的地方，计划在 2028 年实施火星采样返回任务，在 2030 年前后实施木星系及行星际穿越的探测任务。另外，计划启动一项名为"觅音计划"的太空探索计划，寻找可能存在的地外生命及可能适合人类的宜居星球。

在管控太空方面，坚持依法治天，颁布航天法，构建以航天法为核心的法律法规体系，按照分步推进、急用先行、逐步完善的思路，确保航天活动全链条有法可依。同时，加强空间环境治理，保障空间资产和地面设施安全运行，支持国家政治博弈和外交权益争取。

## 未来发展思考

航天科技是人类在认识自然和改造自然的过程中最活跃、发展最迅速、对人类社会生活产生巨大影响的科学技术领域，是高科技水平的代表，是一个国家科技水平和综合国力最有代表性的名片。

21 世纪以来，航天科技已成为大国战略竞争的核心领域，航天强国建设面临的国际形势复杂严峻、挑战异常艰巨。纵观中国航天事业发展历史，来自外部的封锁与压力从未停止过，中国航天一直在封锁与打压中坚定发展。当前，航天事业处于快速发展阶段，内在驱动力强劲，只要有国家的支持和一代代航天人的接续奋斗，任何外部势力都卡不住中国航天事业的发展。

在中国开启全面建设社会主义现代化国家新征程的时代背景下，航天强国的建设实践中需要重点关注以下几点。

### （一）实施航天科技重大工程，推动国家整体科技实力提升

新一轮科技革命和产业变革突飞猛进，大国博弈日趋激烈，实施航天科技重大工程，可推进各类资源力量的配置优化，发挥新型举国体制优势，确保航天强国标志性成果实现，并带动国防科技工业发展，支撑和带动国家科技发展，保障国家安全。

（二）加快卫星应用产业发展，培育新兴太空产业，助推经济高质量发展

加快通信、导航、遥感等卫星应用产业发展，加强卫星数据产品与服务在资源环境与生态保护、防灾减灾与应急响应、社会管理与公共服务、城镇化建设与区域可持续发展等国民经济领域的深度应用；培育太空生物制药、空间育种、太空旅游等新兴太空产业，提升航天产业规模效应。

（三）加强原始创新，构建航天战略科技力量，实现从跟随式发展到创新引领发展的转变

持续探索新概念、新机理、新技术、新手段，前瞻布局航天领域新兴学科、前沿学科和交叉学科研究；加强能源、动力、控制、信息、材料、制造等方向的基础科学和应用基础研究，推动从 0 到 1 的原创性发现；构建开放融合、运行高效的航天创新体系，加快建设以国家实验室为引领的航天战略科技力量。

（四）吸引汇聚优秀人才，支撑中国航天高质量持续发展

人才是航天事业的"发动机"，人才的高度决定着航天事业的高度。在航天强国建设过程中，创新管理制度，健全以创新能力、质量、实效、贡献为导向的人才评价体系；营造效率优先、公平公正的氛围，吸引更多人才加入国家重大科技工程。

（五）弘扬传承航天精神，助力航天强国建设

加强航天精神的理论研究，深挖航天传统精神、"两弹一星"精神、载人航天精神、新时代北斗精神、探月精神的历史渊源和发展脉络，传承爱国奉献、自力更生、艰苦奋斗的航天基因。随着航天事业的发展壮大，不断丰富和发展航天精神，并充分发挥航天精神对航天事业的内生驱动力，使之成为建设航天强国强大动能的精神源泉。